蔡登谷 卢 琦 褚建民 ▣主编

沙山有约

首次库姆塔格沙漠
综合科学考察队员手记

中国林业出版社

沙山有约

首次库姆塔格沙漠综合科学考察队员手记

序

"羌笛何须怨杨柳，春风不度玉门关。"这是盛唐边塞诗人王之涣在《凉州词》中描写戍边将士怀乡之情而留下的千古绝句。时至今日，细细品味诗中意境，仍感到几分悲壮，几分苍凉。然而，这种感受，对于一名多年从事青藏高原森林生态和自然资源综合科学考察与可持续发展研究的科学工作者来说，在西部干旱地区从事野外工作，除了艰苦的一面以外，还有许多常人所体会不到的乐与甜！

就在诗意中描写的玉门关以西，罗布泊以东，阿尔金山北麓，那片广袤浩瀚的库姆塔格沙漠——我国八大沙漠中唯一未经综合科学考察的处女地，2007 年 9 月，由中国林业科学研究院牵头，集合国家林业局、中国科学院、教育部、中国气象局和甘肃省等所属 18 家科研机构、高等院校和新闻单位的 46 名科学家、研究人员、记者和 15 名后勤保障人员组成的综合科考队，开进了这片沙漠的腹地，进行了为期半个月的系统科学考察，不仅顺利完成了沙漠科学考察任务，取得了丰硕的阶段性成果，而且留下了宝贵的精神财富。

这本以"沙山有约"为书名的科考队员手记，记录野外经历真实感人，反映生活点滴妙趣横生，展示团队风貌乐观向上，凝聚厚重情感朴实无华，实为一本难得的科考文集，创意可嘉。全书图文并茂，精华荟萃，跌宕起伏，张弛有序，以饱满的激情，

朴实的语言，宽阔的视野，活泼的笔调，从不同角度和侧面，再现了难忘的场景和美好的瞬间。读来朗朗上口，感人至深。

掩书释卷，我感受到一种催人奋发的力量，呼吸到一股清新爽朗的空气。书中所蕴含的人生哲理、思维方式、严谨作风和科学精神，正是我们新一代科学工作者的真实写照和缩影。我历来主张生态科学工作者必须坚定"实践出真知"的科学理念，崇尚"团结协作，不畏艰难，勇于探索，敢于创新"的科学精神，走向自然，深入实践。今天，我欣慰地看到这种科学理念和科学精神，又一次在库姆塔格沙漠综合科学考察中得到验证与延伸。

在全书即将付梓之际，写上寥寥数语，以表涓涓深情，与各位同仁共勉。是为序。

中国工程院院士

中国科学院地理科学与资源研究所研究员

前言

　　库姆塔格沙漠是中国八大沙漠之一，地处西北内陆极端干旱区的塔里木盆地罗布泊洼地南缘，南以阿尔金山为界，北抵阿奇克堑谷地，向东延伸至甘肃西端，面积2万多平方千米，全系流动沙丘，以分布有中国唯一的羽毛状沙丘为特色。由于库姆塔格沙漠气候和环境条件严酷，同时受技术手段制约，曾经是我国八大沙漠中唯一没有进行过综合性科学考察的沙漠。

　　"库姆塔格沙漠综合科学考察"项目（编号：2006FY110800）作为2006年度国家科技基础性工作专项，被列为"科学调查与考察类"九个重点项目之一。

　　项目于2007年6月17日——第十三个"世界防治荒漠化和干旱日"正式启动。2007年9月10日至23日，来自国家林业局、中国科学院、教育部、中国气象局和甘肃省（由中国林业科学研究院牵头，中国林业科学研究院林业研究所、森林保护与生态环境研究所、资源信息所、中国科学院寒区旱区环境与工程研究所、新疆生态与地理研究所、植物研究所、地理研究所、甘肃省治沙研究所，兰州大学，南京大学，北京师范大学，北京林业大学，中国气象局兰州干旱气象研究所、乌鲁木齐沙漠气象研究所）等18所中央和地方科研机构、高等院校及新闻媒体的科学家、研究人员、记者和后勤保障人员60多人组成的库姆塔格沙漠综合科学考察队，首次对库姆塔格沙漠进行了大规模综合科学考察。科考阵容集合了地质、地貌、气候、水文、土壤、植被、动物、测绘、生态等9个学科，20多个研究领域和学科方向。新华社和《中国国家地理》杂志2名记者全程跟踪采访和报道。2007年9月首次科考之后，项目组本着科学严谨的精神，又多批次组织相关学科组进入这片沙漠，继续开展补充考察和样本、数据信息采集。整个科考工作历时3年有余，参加人员超过150人次，大小考察30多次，累计野外工作时间超过150天、行程超过15万千米。

沙漠科考，尤其在地形复杂、人迹罕至、自然条件极端恶劣的库姆塔格沙漠地区，进行跨部门、大规模、综合性的野外科学考察，对项目承担单位和每一位科考队员都是十分严峻的考验与挑战。野外工作期间，科考队依仗的是大后方坚强的组织保障，严密的现场指挥和无间的团队协作；队员们依仗的则是对科学事业的无限忠诚和不懈追求。在千里荒漠戈壁环境中，队员们日夜兼程，风餐露宿，每天面对昼暑夜寒、风沙弥漫的荒野，身处瞬息万变、险象环生的环境，最终凝聚成了"献身科学、不畏艰险、勇于探索、甘于奉献"的科考精神。

值手记付梓之际，谨向所有库姆塔格沙漠科考的参与者和关注者致以崇高的敬意和衷心的感谢！特别感谢科学技术部、国家林业局、甘肃省人民政府、兰州军区、甘肃省林业厅、敦煌市人民政府、敦煌市人民武装部、阿克塞哈萨克族自治县人民政府、敦煌市林业局、甘肃安南坝野骆驼国家级自然保护区管理局、甘肃敦煌西湖国家级自然保护区管理局、新疆罗布泊野骆驼国家级自然保护区管理局等有关机构对库姆塔格沙漠科考的鼎力支持；也要感谢俄罗斯圣彼得堡大学李耀明博士、甘肃省阿克塞哈萨克族自治县林业局的马木利、阿利为科考提供前苏联绘制的该区域的地形图及相关图件资料。本次科考还受到了社会及媒体的广泛关注，新华社、中央电视台、《人民日报》、《光明日报》、《科技日报》、《中国绿色时报》等多家媒体作了系列报道；新华社和中国国家地理杂志社专门派记者全程跟踪报道，在此一并致以最衷心的感谢！

——编者

引子

夜幕下，库姆塔格沙漠，撒落着一顶顶色彩斑斓的帐篷。随着手电光逐一熄灭，奔波劳累了一天的科考队员们美美地躺卧沙床，钻进睡袋，伴着帐外阵阵山风与闪闪寒星，入睡了。他们不同的睡姿，不同的鼾声，不同的幻境，却睡得同样的香，圆着同样的梦。正如出发时，他们来自不同的单位，不同的学科，不同的方向，却为了同一个目标，组成了同一个团队。

晨曦里，他们坐不同的车，走不同的路，行进在不同的方向，翻越不同的沙山，却饮着同样的矿泉，嚼着同样的干粮；烈日下，他们从不同的视野，不同的积累，不同的判断，却经历同样的艰辛，分享同一份喜悦……

是啊，同一片沙漠，同一次科考，同一个问题，同一番景象，不同的专业方向，不同的认知解读，恰好构成了库姆塔格沙漠第一幅精美的全景图。如今，这一群可敬可爱的科考队员们，又饱蘸用汗水与泪水磨成的墨汁，用风格迥异的言语，描绘出绚丽多姿的画面，您也许能从字里行间，去欣赏曼妙多姿的自然，倾听幽默浪漫的诉说，感悟天人合一的真谛。他们用青春演绎着不同故事，谱写着同一篇华章。

在连绵起伏的浩瀚沙漠，在人迹罕至的荒原戈壁，全体科考队员凭借坚强的组织领导，周密的工作部署，一流的技术装备和团队的协作精神，在极其艰苦和险恶的环境中，风餐露宿，耐严寒斗酷暑，经风雨，战尘暴，把燃烧的激情、豪迈的风采，连同那苦涩的汗水和滚烫的泪水，一起洒在了库姆塔格这片值得永远留恋的热土上。科考队员们在沙漠科学领域探知求解，悉心考证的同时，或端坐马扎、或席地沙丘，在星光与灯光的陪伴下，用真诚的心、炽热的情，写下了一篇篇感人至深的科考手记。

现将手记汇编成册，作为首次库姆塔格沙漠综合科学考察成果的一个重要组成部分，留下这份宝贵的集体记忆和精神财富，以资纪念。

听吧，他们正用那发自内心的朴实话语，偶尔夹杂些专业术语娓娓道来，让读者如临其境，如闻其声，分享那段日子，那段经历的惊险奇遇与苦乐甘甜……

目录

下篇：大漠回响

附录

上篇
科考纪行

01

前线总指挥日记

蔡登谷

中国林业科学研究院原副院长、研究员，库姆塔格沙漠综合科
学考察前线总指挥。现任中国生态文化协会副秘书长兼理论研
究分会常务副会长。长期从事林业经济管理与发展战略研究。
享受国务院政府特殊津贴。

9月5日

星期三　晴

　　由于没购买到直达航班，当天我与卢琦、尹昌君三人只能绕道陕西咸阳，
再转乘南航航班，于当天下午3点半到达敦煌。

　　久慕敦煌数十载，时隔月余，今又踏上古城。记得7月27日，我参加西
北片森林文化考察，第一次来到敦煌，马不停蹄，先后考察了敦煌雅丹国家地
质公园、古汉长城、玉门关、鸣沙山、月牙泉和敦煌莫高窟。同时，也为库姆
塔格沙漠科考做前期准备。那次，就和敦煌市政府王红霞副市长、市委宣传部
李部长接上了头，初步商定科考队敦煌出发仪式，并请求地方对本次科考给予
支持。今天，在大部队未到达之前，再进一步逐项落实到位。

　　尽管时已入秋，午间的太阳依然火辣辣的，空气十分干燥。但只要一到
背阴处，就让人感到清凉爽爽。这与几天前我在广州考察现代林业时那种高温
高湿、浑身粘糊的闷热感觉截然不同。晚饭后，我和卢琦上街散步，走过一家
理发店，谁知他径直走了进去，要师傅给他理个板寸平头。随后，他给我讲

了一番道理：沙漠缺水，半个月没法洗脸、刷牙，更谈不上洗头、洗脚和洗澡了。头发长了，出汗、沙尘，头皮会痒痒。与其说忍受头痒烦躁的痛苦，不如现时忍痛割爱，积极应对。我在店里陪着等他理完后，只见他美滋滋地对着镜子，用手机自拍一张，以此存照，还幽默地称其发式是"标准科考头型"，乐得大伙儿哈哈大笑！

当晚，我们先期到达的人员就进入紧张的工作状态，准备出发仪式安排和各方面衔接工作。敦煌市林业局高华局长作为东道主，自然以主人的身份进入角色，和我们一起忙到深夜。

9月6日
星期四　晴

首次库姆塔格沙漠科考出发仪式的各项准备工作，正按照工作方案的要求有条不紊地进行着。我和项目负责人卢琦商定，成立了临时筹备机构，确定和落实会务组、接待组、材料组的人员、职责和分工。我的任务除了帮着协调、联络，更多的是文字写作，包括议程安排、领导致辞、新闻报道通稿等等。各路人马，各就各位，忙开了。有诗为证：

大漠行

（一）
科考临行前，大漠常挂牵。
身临汉长城，梦回玉门关。

（二）
茫茫洪积扇，萧萧戈壁滩。
不见孤烟直，又显落日圆。

（三）
重任负于肩，三代人夙愿。
各路群英会，壮士正当年。

（四）

敦煌古城边，骄阳分外艳。

猎猎战旗红，壮行又一篇。

9月7日

星期五　晴转多云　有风沙

全天在敦煌宾馆起草出发仪式新闻报道通稿和领导致词。上午，傅峰、侯春华从北京来到敦煌参与会务筹备。晚上6点半，敦煌市委副书记、市长孙玉龙特意在太阳大酒店宴请我们一行。双方进行了亲切友好的交谈，同时商讨并落实在紧急情况下当地政府给予救援的问题。他称：科考队在敦煌期间，市政府全力以赴给予帮助，责无旁贷。孙市长当场代表市委、市政府表示，科考队凯旋之日（25日中秋节），在敦煌最美的地方——月牙泉为凯旋的将士们接风洗尘，摆酒庆功，度过值得永久纪念的浪漫中秋之夜。王红霞副市长也在酒店陪客，得知我们来了，特意赶来给我们敬酒。

席后回到宾馆，我们又投入了紧张的工作。

七律　寄语沙漠科考

月到中秋分外圆，与君千里共婵娟。

沙漠征程凯旋日，与君促膝西窗前。

9月8日

星期六　多云　有风沙

今天沙漠科考大部队将陆续到达敦煌集结。上午10点半，由敦煌市林业局高华局长陪同，在敦煌宾馆北楼201房间，与敦煌市人武部李铎部长见面，洽谈并衔接红色应急预案的具体落实工作。我详细报告了本次科考的重要意义、人员组成、行进路线、日程安排、应急预案和可能遇到的紧急情况等。

李铎部长告诉我，敦煌市人武部作战值班室电话24小时有人值班。现在地方和部队都建立了应急机制和预案。在紧急情况下，部队能做到一小时快速反应，实施有效紧急救援，这是我们应尽的职责和义务。他说，不久前，这里曾发生一次2名民工遭遇沙尘暴迷失方向，由于及时调用直升机搜救，两人幸运地被送到安全地带实施救治。李部长最后嘱咐我：放心去吧，我们做你们坚强的安全后盾。祝福你们科考顺利，队员们健康、安全！

一番话，暖心贴肺，踏实到位。

下午在宾馆继续完成出发仪式的相关稿件。晚上，市委常委、宣传部李春林部长在七里镇一处农家乐招待我、卢琦和甘肃省治沙研究所廖空太副所长。这位李部长也称得上是沙漠科考迷，曾两次随队去库姆塔格沙漠边缘考察。他十分羡慕我们这次综合科考，只是公务在身，不能同行。晚上，我们继续加班，协调和落实有关事项。

鹧鸪天　寄语沙漠科考
（2007年9月8日夜）

时到中秋月正圆，谁人与君共婵娟？
披挂出征须时日，不减威风正当年。
鸣沙响，牙泉喧，举杯邀月庆凯旋。
待到拔营东归日，促膝细语西窗前。

9月9日
星期日　多云

上午9点，项目技术顾问组的专家和各队队长、学科组长在宾馆2楼会议室召开会议，进一步落实进入沙漠科学考察的线路和研究内容。10点20分，我去机场迎接中国林业科学研究院院长、项目领导小组组长、科考总指挥张守攻和科技部巡视员申茂向。

9月9日出发前的研讨会

　　下午4点，在宾馆二楼会议室，召开科考战前动员会。卢琦就科考技术问题再次做出部署，我在会上着重强调以下几点：

1. 关于成立科考队临时党支部的问题

　　宣读中国林业科学研究院京区党委关于统一成立本次科考临时党支部的批复。成立临时党支部的目的是：在艰苦的自然环境中，充分发挥党支部的战斗堡垒作用和共产党员的先锋模范作用，增强团队的凝聚力和战斗力，为本次科考活动提供坚强有力的政治保障和组织保障。会后，中共党员留下，召开第一次临时党支部全体党员会议。

2. 关于出发仪式上全体队员统一着装的问题

　　明天上午9时，我们将在敦煌市政府广场隆重举行出发仪式。为充分展示科考队的精神风貌，要求全体队员统一着装：即穿着一套速干衬衣裤，戴防晒帽，外加红色防护服。根据出发仪式的议程安排，队员集体宣誓时，由我领诵。宣誓时大家一定要声音洪亮，语速一致。

3. 关于科考队员守则和注意事项的落实问题

　　（1）增强团队意识和珍惜集体荣誉。我们这支科考队是由18家中央和地方科研院所、高等院校的专家和后勤人员组成的队伍，为了一个共同的目标，走到一起来了。一定要加倍珍惜，团结协作。团结就是力量，团结就是胜利。通过这次科学实践，充分展示我们这支创新团队的精神风貌，营造一个团结奋进，积极向上的和谐氛围。

这次野外考察，面对的是大自然给我们的挑战，进程中可能会遭遇许多意想不到的艰难困苦。这里再三强调组织纪律，明确队长负责制。在遇到困难的时候，充分发扬民主，依靠集体的智慧和力量，敢于决断，善于决策。队员必须坚决服从队长的命令，听从队长的指挥。队员之间相互尊重、相互爱护、相互帮助。请大家认真阅读、严格遵守队员守则。以沙漠科考的优异成绩，向党的十七大献礼！

（2）队长必须写工作日志。要求每位队长带头，科考队员养成写工作日记的习惯。这要成为一种制度。记录当天科考途中和在营地发生的真实而感人的人与事，写下自己科考的感受。科考队每天向北京总部发出不少于2条的科考动态信息，这项任务要求大家共同努力来完成。形式多样，文体不拘，文字不限，短小精干。可以写诗歌、散文、故事，也可以采写野外考察感受和战地花絮，真实反映野外科考生活，并在林科网科考专栏上发布。让全社会关注本次科考的人更多地了解我们，了解科考，关注沙漠，关注生态。

（3）关于统一新闻报道口径。考虑到新闻与科研的时效性和保密性，要求本队队员，包括随队记者，近期或今后的报道稿，凡是涉及本次科考的相关内容报道，必须经过项目负责人审定。

4. 关于应急预案的启动与落实问题

为保障本次科考活动顺利进行，确保全体科考队员的身体健康和生命安全，我们制定了蓝色、橙色、红色三种应急预案。这里强调以下几点：

（1）沉着应对各种突发事件。无论发生什么紧急情况，不可惊慌失措。一定要冷静思考，沉着应对，发挥集体的智慧和力量。俗话说得好：家有千口，主事一人。队长要担当"应急决断"的重任，关键时刻，当机立断。积极采取有效措施，把损失降到最低点。千万不要优柔寡断，贻误战机。

（2）建立快速反应机制。发生紧急情况，必须在第一时间，立即向前线总指挥报告实情。不得延误，不得隐瞒。争取主动，确保安全。

（3）关于紧急预案的落实情况。经过多方面协调和联系，在国家林业局和中国林业科学研究院的关心支持下，已与地方、军队应急系统——甘肃省委省政府、兰州军区作战部应急办公室取得联系。启动红色预案由前线指挥部负责，直接通过敦煌市委、市政府、人武部应急系统实施。一旦实施，在救援人员未到达之前，前线总指挥、队长、随队医生与全队同志要争取时间，采取一切措施积极自救。

与此同时，中国气象局新疆、甘肃两个气象中心将为我们提供气象服务，即每天提供两次 24 小时天气预报和 48 小时、72 小时天气形势报告。

运筹决胜千里，细节决定成败。我们已经制定了周密的工作方案，下一步就是实施好方案，用我们的指导思想、工作原则、文化理念、科考誓言和工作守则，来统一全队的意志和行动，力求把困难考虑得更多一点，把问题思考得更细致一点，把应对措施想得更周密一点，把工作做得更扎实一点，确保我们这次野外科考顺顺当当，全体队员平平安安，大家身体健健康康，科考任务圆圆满满！

待到中秋凯旋时，摆酒庆功月牙泉。

当天晚上，张守攻院长代表中国林业科学研究院、项目领导小组和北京总指挥部在敦煌宾馆设宴，为明天出征的全体科考队员壮行。来自科技部计划司，国家林业局科技司、治沙办，甘肃林业厅，新疆林业厅，酒泉市、敦煌市和项目技术顾问组的领导、专家，以不同的方式和语言，纷纷向即将出征的科考队员们表达最诚挚的敬意和祝福。

晚宴后，我和卢琦到张守攻院长房间汇报明天出发仪式的安排，又谈到了我的头发。在临行前夕的深夜 11 点钟，我终于接受了他俩的劝导，跑进了理发店，不到 10 分钟，就理成了一个板寸平头。记得 30 年前，我曾经理过这样的发型。如今再次尝试，像完全变了个人，虽两鬓染霜，却挺精神。难道这就是"老骥伏枥，志在千里！"刚理完发，高华局长要我到市政府广场察看明天出发仪式会场布置等事宜。休息时已是深夜 2 点了。

出发前夜，感慨万千！我常问自己：为什么已到花甲之年还主动请缨，披挂出征？就连科技部申茂向司长都没料到我会出现在科考行列。也许很多人不理解，周围的亲人和朋友也有劝阻的，都在为我担心。而我对此已考虑很久、很深。人生有很多机遇，看你能否把握。有很多机会，只要你稍加犹豫，就会与你擦身而过。更何况人生能有几回拼搏？能在有生之年直接参与这项可遇而不可求的、富有挑战性的野外沙漠科考工作，实在难得！更何况院领导和项目主持人如此信任，要我担纲前线总指挥之重任，这不能说不是人生的一件幸事！通过这次亲身经历和体验，将对我的人生是一次严峻的考验，一次难忘的经历，留下一次永恒的记忆，一笔宝贵的财富。我愿在科考结束时，用我的诗词、文章，表达我的心迹与夙愿，与我的朋友和同事们一起分享甘苦与收获。我怎能不努力为之！

鹧鸪天　出征自勉

（2007 年 9 月 9 日深夜）

猎猎战旗迎风展，漫漫征途勤登攀。
暮送落霞归昆仑，朝迎旭日出祁连。

遂心愿，苦亦甜，杯酒壮行英雄胆。
莫道科考多艰险，留得精神在人间。

9 月 10 日

星期一　晴转多云　傍晚六级大风

已是夜晚 9 时，我在库姆塔格沙漠大本营帐篷里，在太阳能电源的照明

9月10日出发仪式

灯下，写下科考第一天的日记。帐外刮起了大风，吹得帐篷呼啦啦响，队友们正分成三锅，有滋有味地喝着羊肉面汤。

今天上午 9 时，科考队在敦煌市政府广场举行了隆重科考出发仪式。全体科考队员们面对国旗庄严宣誓，那激动人心的场面，那语重心长的嘱托，那翘首盼归的心情，那落地有声的誓言，把出征者与送行者之间的心紧紧连在一起。

45 分钟的仪式，在总指挥张守攻院长一声"出发"令下，出征的车队缓缓驶向敦煌的大街上，沿途市民们自发地排在路边，向科考车队和队员们不停地招手致意。多么友好而朴实的市民啊！也许是我们的行动感动了他们，也许这次科考会给敦煌防沙治沙送上一份新的希望，那是发自内心的祝福啊！

车队出城，沿着去玉门关的公路西行。国家林业局科技司李永祥副司长、张守攻院长、甘肃省林业厅李万江处长、院办黄坚主任和新疆分院陆金明书记等一路为我们送行。在进入戈壁沙滩的路上，远处隐约出现了一幕又一幕海市蜃楼的沙漠景观，迎面的湖泊水面、城市高楼时隐时现，仿佛进入了神话世界。

中午 11 点，车队到达敦煌雅丹国家地质公园大门口。随队新华社记者王志恒在行进途中，抓紧网络信号，及时向新华社甘肃分社以"我国首次开展库姆塔格沙漠综合科学考察"为题发出第一篇新闻报道，并配发了出发仪式和沿途科考队行进的照片。我们在当天傍晚时分得知，新闻和照片已上了国家政府网站。

车队继续前进。下午 1 点多，我们到达了公路终点，这里是雅丹地貌与沙漠地貌的结合部。就地路边野餐，饭菜是海军单兵自热食品。大伙儿边吃边聊，守攻院长风趣地说"我在出发仪式上下达出发令的时候，应该拉长着声调，大声地说：科考队的勇士们，出发！"逗得我们都乐了。3 时许，张守攻院长代表一路送行的领导和全院科技人员、广大职工，在路边分别向两名前线总指挥和 3 名科考队长敬壮行酒，再次祝愿科考队的勇士们身体健康、胜利凯旋。此情此景，有几分"劝君更尽一杯酒"的情愫，更饱含"科考珍重盼凯旋"的期待，那是一幅依依惜别的画面。水乳交融，感人至深。

告别送行人，科考车队继续向西南方向的沙漠营地进发，红旗指路，车后卷起了浓浓的尘烟。又经过 1 个多小时的沙漠跋涉，大约 70 多千米路程，科考队平安到达一号大本营营地。先期到达扎营的后勤人员喜迎而上。队员们放下行李，顾不上理行装、搭帐篷，趁着难得的好天气，立刻进入了紧张的工作状态。植被组 3 名队员到营地附近考察植被分布，采集植物标本去了；综合

把酒壮行

组的专家们，登上沙山拍摄沙丘地貌照片；地质、地貌组屈建军、鹿化煜、董治宝和水文组严平等几位教授带领本学科组的专家在营地附近的湖相地貌选点，用铁锹挖了2米多深的剖面垂直取样。沙尘泥土粘满全身，谁也顾不上歇会儿。这正是当代青年科学家勤奋严谨的工作态度和敬业精神的真实写照。

　　黄昏时分，营房沙地上，不知啥时候，突然出现了几十顶橘黄色的野营帐篷，加上队员们穿着的红色防护服，刹那间，给金色的沙漠增添了鲜艳的色彩；车辆的马达声和队员们的欢笑声，又一次唤醒了沉寂的库姆塔格。炊事员给科考队员准备了香喷喷的羊肉汤面。饭后，前线总指挥召集各队队长召开第一次会议，确定第一工作单元（每5天一个工作单元）的行动路线、执行计划及注意事项。

　　夜幕降临了，沙漠上刮起了西南风，气温骤降到5℃。劲风追赶着细沙，拍打和摇曳着帐篷，一阵紧一阵的风声、沙声，伴随着队员们进入了科考第一个梦乡。

七律　沙漠科考

落霞飞过云淡开，月明星稀银河白。
科考队员多风采，大漠深处安营寨。

朝迎旭日离营寨，暮宿荒原伴沙海。
任凭秋夜寒风起，库姆塔格入梦来。

9月11日

星期二　阴转多云　整日风沙　傍晚小雨

一号大本营地理位置和自然状况：

40°14′41″N，92°32′59″E，海拔930米。

距离敦煌西南方253千米。

多云转阴，最高气温为20℃，夜间气温5℃。西南风，最大风力6级。营地西南侧有零星柽柳分布。

当沙漠还在沉睡，当星星还眨着眼睛，营地依稀听到轻轻的脚步声。东方已露出鱼肚白色，队员们掀起了帐篷，迎来了沙漠科考第一个黎明。

早餐稀饭加花卷咸菜。按计划，今天，我和廖空太、崔向慧、炊事员和气象组架设固定自动气象站的人员留在大本营。大部队由卢琦副总指挥和队长带领，沿沙漠西南边缘考察三天。期间，他们将两次挪营，路途十分艰难。中午时分，卢琦在行进中用海事卫星电话与我通话，报告平安，并说沿途遇上了小雨。这是沙漠罕见的气象。

库姆塔格沙漠神秘而神奇。今天亲身经历的沙山气象过程，就连近15年

间曾8次进入沙漠边缘的向导刘学仁都说从未见过。上午9时许，原本刚恢复平静的沙漠，瞬间刮起风速达每秒12米的六级大风。风卷扬沙，把天空搅得一片昏暗，整整持续了9个小时。傍晚7时30分，天空突然下起了小雨，随着风势减弱，雨点越来越大，越来越密，帐篷门沿不停地滴下晶莹透亮的雨点儿，恰似一颗颗的水晶珠儿落在沙地上。不一会儿，太阳穿过云层，在营地东方出现了一道横跨南北的彩虹，尽管只有15分钟，却给本次科考带来了福音。雨继续在下着，多么难得啊！库姆塔格沙漠，这个年降雨量不足20毫米的地方，今天这场降雨居然持续了两个半小时。雨停了，我们将收集的降雨水量进行测定，为4.6毫米；测定降雨渗透沙层深达37毫米。多神奇的降雨！这对于移动沙丘上沙米、沙葱、沙芥、沙鞭等浅根系沙生植物来说，将获得一次短暂的新生。更不用说梭梭、沙拐枣、怪柳等深根与浅根兼有的植物了。可能在几天以后，它们将会长出新的根芽。我们期待着！

雨停后，我用卫星电话与170多千米外的两支科考队联系未果。9点10分，卢琦终于来电，报告今天他们分成两队实地考察了红柳沟、小泉沟，意外地发现了沙漠泉水、大峡谷和野骆驼、鹅喉羚（黄羊）等野生动物。现在队员们刚吃完晚餐，一切正常。我告诉他们，大本营刚下了两个多小时的小雨，现在还在往下滴呢！他也感到十分惊奇和意外。这是库姆塔格沙漠给本次科考送上的第一份礼物！

夜晚9点20分，我接通了北京总部办公室的电话，报告了全队平安和这里天气状况。黄坚主任告诉我：今天中央电视台新闻联播节目播出了科考出发仪式的消息，并连续滚动播出三次。我随即将消息转告了卢琦，并转达了总部的问候！叮嘱大家注意安全、保重身体。

深夜了，我站在帐篷外，贪婪地呼吸着雨后大漠湿润而清新的空气，抬头仰望无边无际的苍穹。悬挂在荒漠旷野之上的银河系啊，像一条明亮宽阔的大河划破夜空，而把满天的星斗珍珠般撒向两岸。秋高气爽，夜色浓重，山峦隐退，万籁俱静。恍惚间，我突然觉得银河和星星离我很近、很近，仿佛一伸手就能摘下几颗。不由使人联想到李白在《夜宿山寺》中所描写的那种意境："危楼高百尺，手可摘星辰。不敢高声语，恐惊天上人。"

雨后的大漠气温骤降。我抖落沾满脚底的沙粒，带着几分感慨，几分寒意，悄悄地掀开帐篷，钻进睡袋，在无限的幻觉与想象之中渐渐进入了梦乡。

9月12日
星期三 晴

早晨6点40分醒来，东方泛白，朝霞初露。我和崔向慧登上东北向附近的沙山，拍摄雨后流沙的波纹，等待观察大漠日出的景观。谁料天公不作美，初升的太阳只能躲在东方厚厚的云层后面，给天边的云镶上了一道橘红色的霞光。

早餐食品：蛋汤、榨菜加花卷。

上午10时许，我们在大本营架起了红、蓝两顶遮阳凉棚。根据临行前科考队员填写的个人信息表显示：本次科考期间，恰逢3名队员生日。前线指挥部做出安排，明晚等大部队归营，给他们一个惊喜——在大本营举行篝火晚会，为他们集体过一个富有浪漫色彩的生日，借以活跃野外科考的文化生活。

中午12点半，气温逐渐回升，微风。

午餐食品：羊肉面片汤。

饭后已是下午2点，正是沙漠最热的时候。我在帐篷里迷上眼睛，美美地躺了一会儿。

下午4点，日渐西斜。我们一行五人，去附近沙山梁上拍摄照片，顺路带回一些干柴，准备篝火晚会之用。

我们坐着小皮卡向西南方向行进，沿途尽览沙山自然地貌景观。不时可见到一些砂石滩，上面铺满了历经千万年风沙侵蚀而形成的风凌石。有的玲珑剔透，有的千姿百态。不远处一座"砾石丘"和羽毛状沙丘出现在眼前——这是库姆塔格沙漠特有的风沙地貌类型。一层暗黑色的砾石均匀地覆盖在20多米高、呈椭圆形的沙山表面。在砾石丘的西南侧，分布着一片羽毛状沙丘。对于砾石丘、羽毛状沙丘的形成机理与演变过程，目前众说纷纭。然而解读其形成机理、分布规律和发育环境与动力过程，揭示西北干旱区气候与环境形成演变历史，气候变化和区域新构造运动对水系的影响，以及对青藏高原隆升和全球变化的响应，正是本次集中多部门、跨专业的科学工作者开展大规模、多学科、系统性综合科学考察的重要研究内容之一。所有这些学术问题，待到本项目研究得出结论时，由科学家们从不同角度去回答吧！

登上砾石丘，向北望去，耸立的阿尔金山支脉——大红山清晰可见；而南向则是连绵起伏的沙丘。赵明指着砾石丘下方分布的沙丘，惊喜地对我说：这就是羽毛状沙丘。我左看右看，怎么也难以辨别眼前的沙波纹有哪一点像羽毛。赵明告诉我：羽毛状沙丘是指沙丘分布形态像羽毛。20世纪70年代，美国学者在《世界沙海研究》一书中首次介绍了这个定义。这是由两道以上沙梁主脉分别向两侧伸展出若干平行的小沙梁组合而成的特殊沙漠地貌类型，从天空观察地面呈羽毛状分布，故而是从大尺度上给予定义并命名的。经他一说，再重新观察，果真显现出羽毛状沙丘的形状。这对于我这个第一次近距离观察沙山地貌的人来说，无疑是上了一堂科学普及课。据专家介绍，在我国八大沙漠中，唯有库姆塔格沙漠分布着羽毛状沙丘这一特有地貌类型。

晚上9点20分，吴波从临时营地向大本营打来报平安的电话——"我们在红柳沟扎下了，大家都很好。今天我们遇到了野骆驼、大峡谷，还有一股泉水！""这儿刚飘起了小雨，你哪儿呢？""我们明天下午返回大本营！""你们想吃什么？""热——汤——面！"吴波拖着长长的语音，结束了沙漠科考的首次通话。从卫星传来的简短话语中，我能感受到电话另一端的人群——我的队友们此时此刻的激动与乐观。第一次与并不遥远的队友通话，一股暖流涌进了我的心房。放下电话，我默默地重复着"热汤面"三个字，眼眶湿润了。这难道也算是一种奢侈的需求！

次日，我得知昨天科考队在徒步进入沙漠西南部科考途中，意外发现了两条险峻的大峡谷，间距10多千米，沟谷怪石嶙峋，形态各异，泉水叮咚，风景奇特，令科考队员们赞叹不已。在库姆塔格沙漠保存着如此完整、壮观的峡谷地貌，这在我国八大沙漠里非常罕见，堪称自然界的一大奇观。

星夜遐想

（一）

夜观远山似幕帘，仰望苍穹咫尺间。

满天星辰手可摘，遍地黄沙伴我眠。

（二）

北斗晶莹天高悬，银河透亮南北穿。

新月为舟乘风渡，又恐高处不胜寒。

（三）

白日穿越沙山间，夜伴星空寻梦圆。

平生有缘进大漠，衣带渐宽心也甘。

（四）

大漠科考情平添，星夜遐想舞翩跹。

天地人和共日月，同享自然乐其间。

9月13日

星期四　晴

　　今天，万里无云，碧空如洗。尽管已近中秋，白天烈日暴晒，空气干燥，加上紫外线强，沙漠地表依然烫脚。上午9点，我在蓝色凉篷下支起了一个临时办公桌，静心地补写着工作日志和文稿，等待大部队归营。

　　由于库姆塔格沙漠的地理位置经度偏西，纬度偏北，时差要比北京时间晚近两个小时，一般下午三四点钟是气温最高的时候。2点30分，第一辆车回到营地。紧接着，不到一小时共有11辆车归营。待到全部安全归队，已是傍晚7点30分。由于大部分队员还没有吃午饭，后勤人员忙着安排他们用快餐。这些不知疲倦的队员们一见面，三句不离本行，你一言，我一语，开始滔滔不绝地谈论科考途中的各种发现、趣闻和感受。有在沙地上比划的，有面对面交流的，还有的干脆摆起了龙门阵。学科不同，视角各异，队员们各自发表个人学术见解，相互争论与碰撞，顿时间使大本营的气氛活跃起来。多么可敬可爱的专家啊！此时，他们早已忘记了疲劳和饥饿，大本营成了科考队员们在茫茫沙海中最安全的港湾！

　　晚上9点，营地燃起了熊熊的篝火。队员们坐着、站着，围成一圈，火光映红了他们的笑脸，驱走了沙漠的寒冷。今夜的生日晚会没有蛋糕、没有烛

战地研讨

光，却充满着火焰般的激情，家庭般的温馨，充满着大漠与荒原的粗犷，火光与星光的浪漫，共饮一杯酒、同唱一首歌，"祝你生日快乐、祝你生日快乐……"一阵手舞足蹈，一片欢歌笑语，把晚会推向了高潮。

晚会结束后，我和卢琦走进帐篷，谈起了这次科考的四个亮点：团结协作（18 个参研单位、46 名专家组成团队），动物福利（科考中不准惊动野生动物），人文关怀（临时党支部为队员集体过生日、举行篝火晚会），环境保护（太阳能照明、生活垃圾集中处理）。

9 月 14 日

星期五　晴

根据兰州、新疆气象中心为本次科考提供的气象预报：15 日至 16 日，敦煌附近将有一次大范围降温过程，并可能发生强沙尘暴。我们已在科考方案中事先制定了"蓝色、橙色、红色"三个等级的应急预案，积极应对和战胜各种困难。同时，要求全体科考队员们近日随身带好防沙镜，注意夜间保暖。

今天，8 时许，科考队按各课题组需要，自愿组合成两个由不同学科组合而成的联合分队，各车带足中午的野餐干粮和饮水，分两路按确定的路线，进入沙漠腹地考察。我跟随地质、地貌、气候和综合学科组组成的联合分队穿插行进（另一分队由动物、植物、水文学科组联合组成）。我所在的分队 5 辆车 20 名队员，从大本营出发，沿沙漠正西偏北方向行进。今天的行程主要考察库姆塔格特有风沙地貌——羽毛状沙丘和砾石丘。我们翻越了一道道沙山梁，穿过了一个个砾石丘，直接斜插到阿奇克谷地，然后朝东南方向回营，行程 120 多千米。专家们每到一处典型的沙漠地貌，都要作短暂停留，取沙样、采标本、做研讨、拍照片，相互交流一些学术见解和探讨问题。

下午 1 点半，我们在库姆塔格沙漠与阿奇克谷地结合部的沙山梁上午餐。气候组的专家拿出手中的仪器，测量当时的气温为 30℃，而沙漠地表温度竟达到了 60℃。在竖着"新疆罗布泊野骆驼国家自然保护区"标牌的洪积扇面，我们实地考察了沙漠边缘出现的雅丹地貌以及八一泉周边的植被分布，泉边那几株高大的旱榆树与周围均匀分布的芦苇、梭梭、柽柳、骆驼刺等低矮的灌木草丛形成反差。眼前的阿奇克谷地十分宽阔，据说前几年有位叫余纯顺的探险

者在第二次徒步穿越罗布泊时，就因迷路与缺水（又说中暑）而牺牲在不远处的谷地附近。

今天野外考察比较顺利，沿途虽有 3 辆车先后在沙梁和疏松沙地发生沙陷——这在沙漠是经常遇到的。大伙儿齐心协力，及时给予排除。回到营地已是下午 5 点左右。不一会儿，一位司机走到我面前说，总指挥，送给你一件礼物。打开一看，天啊！居然是 4 只活生生的草鳖虫！不由我又惊又喜，汗毛蠢立，赶紧把它们装进了试管瓶。早就听说这种吸血昆虫的厉害，体型像蜘蛛，比臭虫略大，身子扁平，生命力极强。听说野骆驼被它咬上一口，身上会肿起鸡蛋大的包，几个月后才能消退（我在试管瓶盖上开了个小孔，一直带回北京，3 个月后居然还会爬动）。

第一工作单元结束了。明天卢琦和地质地貌组部分专家继续留在一号大本营地进行砾石丘和羽毛状沙丘垂直剖面结构试验，其余大部队将开拔，转移到位于库姆塔格沙漠南部的二号营地。

晚饭后，我立即向远在北京的科考队总指挥张守攻院长和总部办公室报告了当天前线科考情况。总指挥已经得知明、后两天沙漠气候变化的信息，再三叮咛，要求科考队注意安全，做好防寒、防风沙的应急准备。接着，召集各队队长和学科组组长会议，及时转达了张总指挥对全体科考队员的亲切问候和嘱咐。

会上，我请廖空太报告了今天沙漠探路的情况。最终形成两种方案，由前线总指挥决断。第一方案是比较安全的线路，即从一号大本营返回雅丹地质公园，向东南方向走敦煌至阿克塞哈萨克族自治县公路，沿阿尔金山，经多坝沟、小红山、大红山，向西走洪积扇植被带到达二号大本营，全程 450 多千米，至少须行驶 10 个小时；另一条是按原定设计路线，从一号大本营先向西行 40 千米，再向南纵向穿越库姆塔格沙漠，到达沙漠南边缘的洪积扇植被带，再向东到达二号营地，全程约 220 千米。在路线选择上，我充分听取专家们的意见。大家经过一番权衡，大多数认为，这次科考本身就意味着将面对各种困难和风险。第一方案是沿着沙漠外围或边缘走，虽然比较安全，但就科考而言的意义不大；第二方案虽然有风险和许多不可预见的自然地理因素，尤其是从遥感图片上看，沙漠中心地带地形十分复杂，尤其是车队连续翻越沙山陡坡，车辆容易发生沙陷或事故。但有当地经验丰富的向导马木利（哈萨克族，原阿克塞县林业局局长）带路，遇到情况可以随机应变，事前设计好避开风险路段的线路，再加上大车队穿越，相互有照应，实现对库姆塔格沙漠的南北纵向大穿越是完全可能的。首次实现对库姆塔格沙漠穿越，也是这次科考的重要任务和亮点之一。经权衡利弊，思考再三，我与项目负责人、前线副总指挥卢琦商定，最终选择二号方案。

方案确定后，我们仿佛作了本次科考的一次重大决策，心情显得并不轻松。因为谁也难以预料，明天大部队行进中将会发生什么？也许，这正是野外科学考察必须承担各种风险所带来的人生乐趣、挑战和责任。看到各位队长分头传达和落实，看到大伙儿摩拳擦掌、跃跃欲试的神态，给我增添了几分信心和勇气。

9 月 15 日

星期六　晴

今天，大本营将转移到二号营地（南营地）。队员们早早就起床，收拾帐篷、准备行装。有着丰富沙漠行车经验的师傅们都知道，沙漠行驶时车胎的气不能太足，临行前又相互检测了一遍。上午9点，车队准时出发，9辆沙漠越野吉普车，36名队员，将在今天实现首次对库姆塔格沙漠南北纵向大穿越。向导车在前开路，我和王继和所长坐在2号车，其余车辆按顺序保持着安全距离，9部对讲机全部打开，听从统一指挥，沿途相互传递着路况信息。我们行驶在茫茫大漠之中，一道道沙梁被车队翻越，一座座沙漠金字塔被甩在身后。时而快速行进在沙漠平川，时而加大马力向陡峭的沙山冲刺。

马木利向导凭着长期在沙漠工作的经验，随时判断着行进的方向，不时停在安全地带集合车队，与专家们一起判读卫星遥感地图，谨慎地选择前进的路线和方向。毕竟前方的沙漠之路谁也没有走过，深浅莫测，祸福未卜。科学的探知与求索，就是那样充满刺激与挑战。它时刻都在考验着我们的智慧与应对能力。

今天的库姆塔格，好像也在考验队员们的勇气和胆量。只见眼前的沙山一座比一座高，一处比一处险，连绵起伏，一望无际。有时明明迎面而来的是一个缓坡，当你冲到沙梁顶部时，背面可能就是陡峭的下坡。值得庆幸运的是，承担本次科考任务的司机都是久经沙场、训练有素的师傅们。他们大多来自内蒙古阿拉善右旗"珠峰俱乐部"和兰州天翔探险队，积累了一套应对沙漠险情的丰富经验。然而，他们深知本次科考的责任重大，加上今天面对的是完

战胜沙障

全陌生库姆塔格沙漠，谁都不愿在关键时刻"掉链子"。集中精力，加倍谨慎，成了他们之间相互较劲的动力。每到一处沙梁的顶部，他们都会习惯地点刹稍停，做出安全判断后，再向下俯冲。

中午时分，我们遭遇了最险峻的一处，那是一个由三座沙山呈等腰三角形排列组合，中间构成一个陡峭而深邃的巨大沙窝。当我们车从30多米高的沙梁向下俯冲时，车几乎呈40°倾斜下滑，明显的失重感，使人的心儿几乎都提到了嗓门。紧接着又是一个加力冲刺，又接着一个陡坡俯冲下滑。此情此景，只有身临其境者才能体验，才能感受那种类似挑战极限的惊与险，才能体会到沙漠科考历程的艰与难。记得著名经济学家吴敬琏教授在畅谈他在阿拉善沙梁上行进的感受时，说了一句非常贴切而又逼真的语言："那完全是一种赴死的感觉啊！"今天，这种感觉在自己身上得到了验证。我们的车队先后遭遇5次大的沙陷，3次靠垫木板才得以继续前进，至于自救排险那就更多了。

一路有惊无险，沿途风光无限；队员踌躇满志，科考奇遇不断。在大沙梁上我们集体野餐后，就进入了九曲十八弯的洪水沟（队员们戏称它为：骆驼沟）。那是阿尔金山每年的洪水冲积而成的季节性干河沟，全长40多千米，沟深20多米，最宽处10米，沟壑里自然断面随处可见。看得出这儿前不久刚下过雨，周边的盐生草类露出了鲜嫩的绿叶。我们沿河沟方向继续前进。在通往洪积扇植被带途中，对讲机响起，马木利向我们发出呼叫：各车请注意！向左前方看，有一群野骆驼正在翻越山梁呢！太难得了，在今天大穿越的途中，我们居然连续三次巧遇野骆驼群（共18峰），三次看到鹅喉羚羊群（共9只）。真是可遇而不可求啊！据说，有几次专门考察野生动物的专家们曾在这儿蹲守过六七天，也没遇上我们今天的种群数量和观察距离。其中一群8只野骆驼从东边的沙山梁向西奔跑时，车队立即停下，驼队几乎从我们第一辆车的车头擦身而过。当我们到达沙漠边缘，进入洪积扇植被带时，已是下午3点。远处刚才还清晰可见的卡拉塔什塔格（维语意为：黑色石质山脉，属于阿尔金山脉）。当我们快到山前，刹那间，只觉得眼前一堵暗黄色的高墙从高空向我们迎面压来，山体消失，灌丛隐退，轮廓模糊，一片昏暗。一阵紧一阵的弥漫风沙，沙石击打着吉普车挡风玻璃，发出嗒嗒地响声。这一切，向我们预警：强沙尘暴正在向我们袭来！

经过10个小时的沙漠行进，队员们已疲惫不堪。偏偏在此后一个多小时去往二号营地的途中，遇上了强沙尘暴。不知是紧张、兴奋，还是好奇，恶劣的天气，一下子把大家的精神又调动起来。车队在弥漫的沙尘中，翻越了卡拉塔什塔格山口，下到山间谷地一片平坦的黑质石砾戈壁滩（队员们将此地戏称为：马木利大阪）。王继和所长对我说："下去体验一下吧！"车队停下了，队员们纷纷下车，相互打了个"V"字形手势，交换了一下眼神，又上路了。大部队继续在阿尔金山北麓的一片洪积扇向东行进，直到下午4点45分终于平安到达。从卫星遥感图和GPS定位显示，那天车队行进路线，科考队在库姆塔格沙漠上划了一道"C"字形辙印。

当我们进入二号营地，早已是风卷沙扬，一片昏暗了。八级大风卷起的沙尘暴，遮天蔽日，咄咄逼人！加上营地处在风口谷地，更加剧了灾害影响。一名队员架帐篷时，不小心被一阵狂风吹走，好在里面压了十几斤重的背包，直刮到几十米以外的地方才抢到手。朦胧中，我突然发现附近沙梁上有几个人影晃动——那是王继和带领几名队员在架设临时气象站；气候组的专家手持仪器，正在风口上测量瞬时风速与风向（当时风向正东，风速18米/秒）；赵明带领一帮人在加固大本营的帐篷……

此时此刻，也许一切阻拦会显得苍白无力！你只能无奈地默认，暗暗地赞许。晚餐前，我和几位队长商定，立即启动橙色应急预案，要求全体队员停止一切野外活动，尽可能到吉普车和帐篷内暂时躲避。我走进炊事帐篷，张兴全和程建军两位师傅无奈地对我说："今晚不能正常做饭了。现在赶紧烧水，再煮一锅鸡蛋，只能凑合着吃些方便食品了。"不难设想，那种在强沙尘暴里"和沙就面"的感觉和滋味，不是一般人所能享受的！吃完一袋方便面，汤碗底下沉淀的可是一层金黄的沙粒啊！

由于强沙尘暴的影响，通讯信号一直不稳定。晚上9点多，电话铃响起。卢琦从一号大本营打来电话，询问天气和队员们的状况，并要我迅速与张守攻总指挥和北京总部取得联系，大后方正焦急地等待着我们的消息呢！我走出营帐外，在呼啸的沙尘中，终于接通了守攻院长的电话。我向他报告了遭遇灾害天气的情况、队员们的情绪和采取的应急措施，得到的是信任、鼓励和力量，还有总部对全体科考队员的无限关切、担忧和牵挂。

肆虐的沙尘暴整整持续了12个小时。队员们情绪稳定，依然谈笑风生，和沙就餐，迎沙搭篷，卧沙入眠。在强沙尘环境中，度过了极其艰难的沙漠之夜。夜深了，我却毫无睡意，拿着手电筒，又在营地四周巡视了一遍。发现所有车厢内都睡了人，所有的帐篷都在强风沙暴中剧烈地摇晃。午夜2点，风势稍有减弱，又滴滴答答飘起了小雨。经过一天在沙漠的长途跋涉，队员们都累了。我心里暗暗祈祷着：但愿今夜平安！

9月15日遭遇沙尘暴有感

大漠连日起风沙，遮天蔽日山隐斜。
沟壑趁势卷黄龙，峡谷仗威争高下。

南北穿越正潇洒，磨难怎能奈何咱。
任凭呼啸扬尘起，众志成城把营扎。

事物总是两分法，难得天公出美差。
遇险不惊多豪迈，无愧当代科学家。

沙山坡上仪器架，留得数据细考查。
更喜夜半雨点声，黎明满山映彩霞。

9 月 16 日

星期日　凌晨沙尘、降雨　白天转晴

二号大本营（新营址）自然地理信息：

N 39°35′48.5″，E 92°20′22.5″。海拔：1467 米。

气温：白天最高气温 22℃ ；夜间最低气温 5℃。

凌晨 2 时许，风势逐渐减弱。沙漠之风夹带着雨水不期而至。难道这也是一种自然规律，每逢强沙尘过后，就伴有降雨过程？还是库姆塔格沙漠的特有天气现象？我不得而知。因为，我们已是第二次遭遇这样的天气了。雨点随风拍打着帐篷，惊醒了褚建民。他冒着严寒，走出帐篷，整理帐篷外的后勤物品并寻找出所有能收集雨水的器皿——面盆、水杯、玻璃瓶，放满一地。接着，又钻进睡袋，等待黎明。队员们就是这样度过了又一个难眠之夜。

清晨，队员们很早就起来了。昨晚，甘肃治沙所冒风沙架设的气象站，准确地测出了这次降雨的数据——4.6 毫米。由于营地选址不理想，上午 11 点，我们决定将大本营营地转移。

午饭后，队员们又各自投入了紧张的科考工作。我在营地补写了昨天的日记，仔细回味着这一周艰难的历程，更深刻地解读"自然科学考察"背后所包括的深层含义——征服与探险。

下午 4 点，气象组求援，要我带领 5 名队员，立即赶往距离二号大本营 8 千米的戈壁滩上，协助他们架设永久性卫星自动传输气象观测站。高达 12 米的钢柱上，附设太阳能接收板、双层风向仪、风速仪和气象因子传感器，足有七八十千克。大家手拉肩扛，按固定方位竖起钢柱，用 3 根钢索将其固定在石砾滩上。夕阳西坠时分，我们回到营地，各学科组的队员们也陆续归营。

一阵小雨过，大漠秋夜凉。子夜的营地，使人感到几分寒意。按原定计划，今天卢琦等在一号营地的人员应当在太阳落山前同大部队会合。从傍晚 9 点一直等到夜里 11 点多，还不见消息。卫星电话接不通，对讲机呼叫无人应，真使人焦急！我们又将两辆吉普车调到营地的山梁上，朝着他们来的方向打开远光灯作联络信号。我们在希望与失望的频繁交替中，度过了漫长的 2 个多小时。突然，听到对讲机一声应答，可把我们兴奋坏了！联络断断续续，远处汽车的灯光时隐时现。又过了一个小时，终于看到 3 辆车从东方向营地驶来。待到两队会合，队友们热烈地拥抱着、交谈着。炊事员端上热腾腾的鸡蛋汤和花卷、榨菜，迎接远道归来的队友。这一天，直到凌晨 1 点多才休息。

9月17日

星期一　晴

据兰州气象中心预报,库姆塔格沙漠白天最高气温:15℃;夜间最低气温:2℃。西北风4到5级。

今天,我随地质地貌和气象组一道,从营地向西进入沙漠,沿途考察阿尔金山小气候(气流、风速)对沙漠形成与走向的影响。研究寒区旱区风沙地貌的专家董治宝研究员总是那样擅长深入浅出地讲解。此时他站在沙丘上,指着沙漠南缘一片新月形沙丘链说:这是库姆塔格沙漠最年轻的沙丘地貌,在这里呈链状排列。越到沙漠腹地,沙丘形成年代越久,地貌越复杂。真叫天公造物,自然界风与水无休止的搬运作用,竟有如此巨大的威力,造就了这片神奇的沙漠地貌景观。我们在 N 39°34′32.4″,E 92°15′6.9″,海拔 1522 米的地方架设了 2 号地面自动气象站。在回营路上的沙坡上,我们发现一处沙漠罕见的蘑菇群(7 只丛生在一起),菌体呈白色,高 48 厘米,菌盖 12 厘米,脱落后大量的褐色孢子粉撒落一地。专家们及时拍摄了现场照片,采集了标本。

吉普车在一片洪积扇植被带上穿越,能见度很高。平生第一次近距离观察阿尔金雪山,亲身体验库姆塔格沙漠科考的过程,真切感受沙山仲秋昼夜的凉与热,甘愿品尝荒原野营生活的苦与甜。这一切,将成为人生积累的一种财富,成为激励自己求索的一种动力!

9月18日

星期二　晴

在旭日东升的时候,在阿尔金山的谷口,我们开始了新一天的科考生活。今天,我和卢琦、新华社记者王志恒、中国国家地理杂志记者杨浪涛,随水文组的专家们到距离大本营 32 千米处,考察季节性沙漠河流的终端湖(学术上又称为尾闾湖)。那是沙漠难得一见的两汪呈弧形水面,一群百灵鸟在湖边饮水嬉闹。站在高高的沙梁上俯瞰明镜般的湖面,心情特别舒坦。水文组的专家们在湖面采集水样,现场实测数据信息;植被组的专家在湖边四周采集土样和

沙暴正在袭来

植物标本，完全沉浸在野外工作状态。

黄昏时分，新疆罗布泊野骆驼国家自然保护区孟剑英主任一行9位朋友野外巡查，同科考队不期而遇。卢琦把它们迎到营地，盛情邀请与科考队员们共进晚餐。席间，双方进行了广泛而友好的交流。同时，邀请他们明天随队科考。晚饭后，召集第四次队长、学科组长会议，集体商定：明天结束第二单元的工作，后天向三号营地（多坝沟）转移，要求各队（组）掌握进度，安排好明天的考察内容和线路。

进入沙漠已经是第9天了。艰苦的沙漠科考生活磨炼着队员们的意志，大自然同样馈赠给专家们以丰盛的收获。

这里尤其值得一提的是两位随队记者，性格开朗，乐观豁达，给本次科考增添了很多轶闻趣事。他们白天随队采访和体验生活，采集新闻，拍摄照片、战地访谈，晚上灯下写稿，向新华社、国家政府网站发出新闻图片和消息。不断向科考队提出创意和建议，首次库姆塔格沙漠科考立碑纪念，就是王志恒今天提议的，得到全队响应，而撰稿任务却落到了我的头上。当天夜晚，我受命写成初稿，大伙儿围着有评论的、有赞赏的、有说不足的，最后，我和卢琦拍板，终于定稿。并在纪念碑文后面铭刻全体科考队员的姓名。

首次库姆塔格沙漠综合科学考察纪念碑文

盛世立项，重任在肩。沙漠科考，三代夙愿。
苍茫大漠，风卷旗展。库姆塔格，扎下营盘。

披星戴月，露宿风餐。烈日沙尘，意志弥坚。

连绵沙山，任我指点。精诚协作，团队作战。

历时半月，何惧艰险。上下求索，风光无限。

激励后人，探索自然。献身科学，虽苦犹甜。

特立此碑，以示纪念。

公元 2007 年 9 月 25 日立

9 月 19 日

星期三　晴

今天，库姆塔格沙漠风和日丽，晴空万里。难得的好天气！这是我们在二号大本营最后一天的考察。它标志着沙漠科考第二工作单元即将圆满结束。各学科组按既定的日程安排和科考内容，确定和调整新的科考行进路线，迎着朝阳，向着各自的目的地出发了！新疆罗布泊野骆驼国家自然保护区孟剑英主任一行 9 人，应邀随水文组向大本营东线沿途考察。

难忘的沙漠科考进入了第 10 天。队员们个个精神饱满，斗志不减。从队员们的笑语言谈之中，不难看出大家都十分珍惜这次科考生活，满怀激情地期盼着每一天新的收获和发现。白天紧张地野外作业，夜晚回营后悉心整理收集的数据和信息。在同他们朝夕相处的日子里，在亲密无间的直接接触中，你每天都能感受到那种可贵的忘我奉献精神，都能发现朴实感人的闪光之处！望着这群身边的人，我常会产生一种发自内心地感慨：多么可敬的科学家！他们无愧是新时代最可爱的人！

由于获悉今天敦煌市委、市政府由王红霞副市长带队，将有 10 来人于中午前后到达大本营，慰问前线科考的全体队员。我留守在营地迎候他们。趁着上午的一点空隙，我独自登上了附近的一座沙山上。昨晚，听地貌组董治宝研究员说：营地正北的那座沙山，可能是库姆塔格沙漠最高的沙山之一（相对高度 191 米，加上营地海拔将达到 1640 多米了）。要我有时间上去看看，会有新的感受和收获。11 时许，我步行两千米到达山腰，再向上便是松沙层，有近 30° 坡度。细沙陷过鞋帮，直往里灌，脚步越来越沉。我干脆光着脚丫继续向

慰　问

上登顶，走一步，陷半步，足足花了近45分钟才艰难地登上山顶。极目四望，无限风光！真有"会当凌绝顶，一览众山小"的感觉。起伏连绵的沙丘全在脚下，不远处我们的营地和卡拉塔什塔拉清晰可见。

下午2时许，敦煌市王红霞副市长一行到达营地。像见到久别的亲人，相互握手、拥抱，沏茶、倒水，问候、让座。中午，我们用"海军单兵自热快餐食品"招待了客人。他们带来了丰盛的慰问品——羊肉、水果和白酒。饭后，我陪着客人考察了在沙漠南缘刚架设的卫星自动传输地面气象站和附近的峡谷群。由于客人今晚要赶回阿克塞哈萨克自治县住宿，不敢久留，只得依依惜别。不用说，当天晚餐是丰盛的。队员们像过年似的，聚集在大漠沙海的营地，热热闹闹品尝着香喷喷的羊肉汤泡馍，喝着敦煌玉液酒。那滋味，别提多美了！

沙漠之夜

风卷扬尘心不惊，寒秋冷月裹衣襟。

长忆阿尔金山雪，难解库姆塔格情。

9 月 20 日

星期四　晴

三号大本营自然地理信息：

N 39°41′17.0″，E 93°29′66.1″。海拔：1696 米。

气温：白天最高气温 20℃；夜间最低气温 5℃；风向东北，风力 3 至 4 级。

　　迎着黎明的朝霞，披着大漠的晨风，队员们早早就开始收拾帐篷和行装。早餐后，车队按预定计划和路线，沿阿尔金山脚下的洪积扇谷地，向东行进。沿途南侧是峻峭的山脉，北侧是起伏的沙山。几乎每一种地貌，都在向我们展示着大风侵蚀的无比威力，显现着山洪冲击的沧桑痕迹。大自然神奇造化之力，在这里得到了充分的验证。我们看到，沙漠正在向山脉的高处攀爬，流动的沙丘凭借风势，正不断改变着地貌的形态，顽强的沙生植物，把根系深深地扎向泥沙，以换取生命历程中一次又一次枯荣与兴衰。这几天，科学家们不断在发表着这样的一种议论：假若把珠穆朗玛峰比作地球第三极。那么，库姆塔格沙漠可以被称为地球第四极——旱极。因为，这儿年平均降水不到 20 毫米，年地面可蒸发量相当于降雨量的 200 多倍。由此，人们便可从另一个角度去认识这里自然生态环境的脆弱。我们在坎坷弯曲的泥沙滩上足足行驶了 4 个小时，行程 130 千米，到达了多坝沟。

　　营地安扎在阿尔金山（蒙古语意为"有柏树的山"）东段最高峰，海拔 5798 米的雪山脚下，距离甘肃省最西部的阿克塞哈萨克自治县阿克旗乡所在地——多坝沟村（全村 550 人）12 千米处的戈壁滩上。一道从远处高山上流淌下来的雪水，沿着一条宽 1.2 米的渠道从营地流过。根据水文组测量：渠内的水面宽 60 厘米，水深 12 厘米，流速 6.7 米 / 秒。听到水渠传来哗啦啦常年湍流不息的水声，亲切无比。不少队员顾不上冰凉刺骨的雪水，提着桶装满清水，洗脸、擦身、漱口、刷牙。这在沙漠中是一种多么奢侈的享受啊！突然，不知是谁的手机响了一声。哈，有信号了！队员们顿时有一种回归人间的感觉：我们是从无人区来到了居民区；从无生活用水区来到了天然水源区；从无手机信号区进入了网络覆盖区。真像到了天堂一般！

　　队员们欢欣雀跃，群情激昂，仿佛已经看到了新一天黎明的曙光，听到了科考凯旋的乐曲！

　　下午，队员们还没来得及安扎帐篷，又出发了！

　　傍晚 19 时许，甘肃省酒泉市阿克塞哈萨克自治县县委、人大、政府、政

多坝沟709渠

协四大班子委托我们扎营的所在地——阿克旗乡何建东乡长一行 7 人前来驻地慰问，送来了两只羊犒赏将士们。当晚，我们在营地热情接待了客人，并请何乡长转达我们对阿克塞县领导班子的感谢。何乡长向我们介绍了当地生产、生活和生态状况。这里是甘肃省最西部的一个农业乡和国家退耕还牧区，靠阿尔金山雪水自流灌溉。全乡 1035 人口，哈萨克族占 20% 左右。此外，还有回族、藏族等少数民族。为了改善生态环境，他们在村边靠雪水种了一片以新疆杨为主的绿洲，以抵挡风沙。全乡现有耕地 1560 亩，主要种植小麦、玉米、瓜菜。2006 年全乡农民人均收入 5528 元。由于人口少，自然条件和交通、教育、文化等基础设施较差。在我们到达前 20 天，刚接通移动通信网络。

晚餐后，我们在营地召开战地第五次全体队员会议。会上，要求各队队长、学科组长和全体队员注意，越是到最后阶段，越要加倍谨慎：一是注意安全：所有司机必须加倍谨慎，减速行驶，确保安全；二是注意环保：尤其是在靠近水源、营地的附近，严禁乱丢垃圾，不能给附近居民造成不良影响；三是合理安排：各位队长和学科组长安排好科考进度，争取尽快圆满结束科考，平安凯旋。已经接到国家林业局的通知：在我们凯旋之日，将发出贺电，以示祝贺。卢琦副总指挥就各学科组最后一个单元的科考内容进行了部署。初步打算用 3 个工作日结束科考，拔营凯旋。

我在戈壁滩上，背靠雪山，写下了今天的日记。并填词一首，献给后方一直关注着沙漠科考的各位老师、专家和朋友们！

水调歌头 沙漠科考有感

（2007 年 9 月 20 日）

辞别敦煌城，饮罢壮行酒。

出征库姆塔格，时已近中秋。

千里浩瀚大漠，万重丘壑连绵，迎向沙山走。

三代人夙愿，而今吾辈酬。

多假设，细考证，深追究。

踏遍荒原，悉心求解竞自由。

披星戴月常事，风餐露宿何求，此情永不休！

六十一勇士，热血写风流。

9 月 21 日

星期五　晴

今天，我和卢琦随地貌组、综合组一起去多坝沟北山看沙漠地貌分布类型和形成原因。由于学科组之间专业知识各异，每次出野外，我们总喜欢与屈建军、董治宝和鹿化煜等几位教授同行，一来沿途可以随时请教，答疑解惑，增长见识；二来其间有很多尚未定论的奥秘和提神逗乐的故事，活跃科考的氛围。当然最有趣的要数董治宝。每到一处，刚下车，脚跟还没站稳，就有人嚷着：董老师，你先说说。他也毫不谦让，带着老学究那种"舍我其谁"的神态，用课堂教学的口吻，慢条斯理，不厌其烦地回答着各种各样的问题。问：库姆塔格的沙子是从哪里来的？答：是从罗布泊吹过来的。问：罗布泊的沙是从哪里来的？答：是从阿尔金山来的。问：石头是怎样变成沙子的？答：是岩石经过风化——爆裂——剥蚀过程由大变小的。问：沙山是怎样形成的？答：是风力的搬运作用堆上去的……

翻越了石质山脉的北坡，我们登上了一个山头，只见山体已被风化斑剥。董教授指着眼前的地貌，说：这是一片典型的剥蚀地貌，是经过两三千万年热力、风力、水力综合侵蚀作用的结果。你们看，山前不仅有新月形沙丘，还有金字塔沙丘和格状沙丘。这一切表明，这里的地貌非常复杂，很值得研究。其中包括：沙山，尤其是高大的沙山（据说，最高的沙山相对高程可达 500 多米）可能有下伏地形，即沙子覆盖在石质山体上面。眼前有几座比较低矮的石质山正在或已经被沙子掩盖。这就是证据。

吉普车越过一道 20 多米深的沟壑峡谷——那是本次沙漠科考中见到的唯一的一条至今还有水在流淌河道。据当地人介绍，这条水系终年不断，一直流向远处的沙漠而渗入地下。当车队穿越一片平整地砾石沙滩，到达一座古烽火台（据考证，那是汉唐时代最西端的一座烽火台）时，我们分手了。地貌组今天要完成最后一个地面测风站的选点和设备安装。我和卢琦、司机张国中三人继续向西南方向的沙山前进，想去实地探究刚才那股水系的源头和瀑布。考虑到前面的沙山较高，沙子疏松，车辆难以通过。我们只能弃车徒步而行。

从晌午 11 点半开始，我们翻越了一座又一座沙山梁。看看不远了、快到了，可就是到不了。烈日暴晒，沙子表面温度烫脚，起先我还穿着旅游鞋，后来鞋里灌满了沙子，只得赤脚行走。到了沟壑边，他们俩先后下到底部，缘水溯流而上。同时鼓励我也下去。

那可是 70 多度的悬崖峭壁啊！人无法站立，我只得坐在沙子上，用双脚作桨，使劲从陡峭的沙山梁上向下滑，再沿着峡谷的石壁慢慢下到谷底。沟壑纵横，河道弯曲，溪水很凉，河滩细软，脚底不时踩到坚硬的小石砾，扎得很疼。水边不时可见苍劲的胡杨林和零星的柽柳、甘草、芦苇等野生植被群落分布。沿途我们上了三个高差 1～2 米的岩石阶梯，足足走了两个小时，连瀑布的流水声都没听到，看来前面还有很长的路程。时间和精力不允许继续前行，只得原路返回。临上坡之前，我们三人把仅有的小半瓶矿泉水分着喝了。张师傅突然提醒我，一定要剩下几滴，待到最艰难的时候饮用。

从峭壁滑沙而下的时候不觉得惊险，而要想原路上去可不容易了。眼前那足有 50 米高差的沟壑，此时显得格外陡峭而险峻，稍有不慎，随时可能跌到谷底。

我鼓起勇气，弓着背向峭壁艰难地向上攀爬。四周没有一点儿可以助力的石块和树桩，那些已经风化了的石块，随时都有断裂的危险。早已精疲力竭了，加上饥饿与险情交织。我已经清醒地感觉到，眼前经历的是一次对生命极限的挑战，一场生与死的考验。前无救援，后无退路，除了继续，别无选择。刚到坡顶的张师傅看到我艰难的样子，在上面着急地对我大声说："蔡总，把身子站起来，沿等高线斜着向前走，不要怕！"天啊！我哪还有力量站立啊！此时，站立了，只要身体一摇晃，就有摔下去的危险啊！不管怎样，战友在身

旁，也是一种鼓励和力量。

中途，我在陡峭的沙坡上歇停了三次。在最后一次歇停的时候，用最后的几滴水滋润了一下干渴的嗓子（而那只空塑料瓶却始终握在手中，一直带回大本营）。我感觉自己是在用毅力、胆量和勇气在行走，在体会着艰难惊险的过程。此时，我每向前跨出一步，都是一次胜利，付出了平生最大的努力！等我安全到达坡顶，早已累得气喘吁吁、四肢无力，躺倒在沙漠上了。卢琦和张师傅见我安全登顶，又继续前行了（事后，我问他们为何不下来扶兄弟一把。他们实话告诉我，当时自己也累得不行了，只能靠你自己往上爬）。真可谓：来时不知归时路。前面还有 8 座沙山梁在等着我。干渴与饥饿，烈日与疲惫，一齐袭来。我继续前进着、攀登着，脚步一次比一次沉重，心跳一次比一次加快。漫长的沙山路程，常常是走一步，陷半步。等到我到达最后一座沙山梁时，双腿完全是在机械地做着前后移动的动作。机敏的卢琦从汽车里拿出一瓶矿泉水，使劲儿朝我扔了过来。我紧走几步，捡起来饮了几口，那滋味真美啊！我稍歇了会儿，作最后的冲刺。我成功了！那时已经是下午 3 点半钟了！整整四个多小时的徒步科考，给予我终生难忘的经历与回味。我们在车边美滋滋地啃着干面包、喝着伊利奶，又启程了。在回营的路上，我睡着了……

一小时后，我们安全回到营地。今晚土豆烧羊肉加米饭，队员们吃得特别香。

晚上 20 点 40 分，前线指挥部接到水文组严平教授告急，两辆车陷在多坝沟东北方向的淤泥中，请求救援。当即，卢琦副总指挥带领 1 号车 4 个人赶往现场。21 点 20 分获悉已经救出一辆，另一辆由于陷得太深，只能明天再去救援，人先回营。我立即通知厨房给 8 位队员热饭。22 时许，队员们安全回营。我向北京总指挥部及时报告了今天的情况。

渔家傲　扎营多坝沟

莽莽金山原上草。浩瀚大漠人迹少。
夜空银河不见高。谁知晓。帐下星火伴文稿。

莫道黎明君行早，遥看天边队旗飘。
踏遍沙山忙科考。人未老。塞外秋色分外娇。

9月22日

星期六　晴

　　从营地出发，有南北两条考察线路。今天，我随综合组和植被组，经阿克旗乡政府所在地——多坝沟村，在昨天考察的上游地带，沿水系考察植被分布。刚到村口附近的公路，看到一大群村民们放养的双峰骆驼，足有上百只，高大肥壮，体态丰盈。见到汽车开到身边，毫不退让。卢琦告诉我，辨别家养和野生，最大的区别，就看它的驼峰，瘦小的是野生，丰满的是家养。村边分布着一片雅丹地貌，虽没有敦煌雅丹国家地质公园壮观，却有着重要的研究价值。这是干旱半干旱沙漠戈壁地区比较常见的一种地貌类型。此外，还有丹霞地貌。这两种地貌的区别在于形成的机理不同——由风蚀作用形成的称雅丹地貌；由水蚀作用形成的称丹霞地貌。科考是个大课堂，你随时都能学到一些知识。

　　时已进入中秋，沟壑两边零星分布的胡杨林、梭梭、甘草丛和草本植物泛起片片金黄，给沙漠增添了几分色彩。越野吉普沿水沟谷地大约行驶了七、八千米路程，在一处峡谷沙山脚下停住了。队员们徒步翻山，绕到山后的瀑布附近，那里的植被分布比较丰富。我们登上山梁，发现峰顶处又矗立着一座古烽火台，与昨天看到的极为相似。据史载，这一带曾经是汉唐时代的边关要塞之地，周边分布着大小几十座烽火台。而凡是有烽火台的地方，就有水源，戍边将士才能生存。换言之，古时戈壁沙漠地带，控制了水源，就等于守住了疆土。这里的沙漠水系分布很有特点，时隐时现，不知不觉地从沙漠深处渗出汩汩清泉，流入河道，向大漠深处延伸，逐渐渗入地下。在沙漠里，只要你发现芦苇，附近就会有泉眼。"苇子泉"由此而得名。中午两点多钟，在返回营地途中，顺道察看了乡政府院子和村里的杨树防护林带。

　　下午，科考队兵分两路，小部队进入西湖湿地自然保护区继续考察，我和卢琦随大部队拔营经阿克塞返回敦煌。

　　金鞍山是阿克塞境内阿尔金山的支脉。我们沿山脚下开往县城的公路前行70多千米，就到达阿克塞县城所在地——博罗转井镇。这是一个美丽富饶的哈萨克民族自治县，海拔2600多米。全县人口不足1万，县城人口占65%左右，以盛产石棉而著称（占全国生产总量的1/2），曾进入全国"百强县"的行列。也许是我们的向导马木利——他曾担任该县林业局局长，透露了消息，县上四套班子的领导得知今天科考队路经此地，特意在城边路口用隆重的民族

美酒相迎

礼节相迎——每人献上一碗香甜的酸奶酒，迎接远道而来的客人。盛情难却，县领导把我们迎到宾馆，亲切交谈，热情款待。借着饭前的一点时间，马木利陪同我和卢琦到县城正在建设中的生态园参观。高原小城，山水相依，民族风情浓郁，街道整齐简洁，城区建筑、绿化与水面的布局十分讲究，不愧为"塞外明珠"。

傍晚7点30分，科考队进入敦煌七里镇。精明而细心的市林业局高华局长特意把科考队凯旋仪式安排在城边的一家洗浴中心门口。同样的锣鼓、鞭炮和欢迎队伍，同样的鲜花、美酒和熟悉的面孔，在为我们接风洗尘。像久别的战友重逢，像远道的亲人回归，大伙儿饱含着激动的泪花，相互紧紧地握手，热情地拥抱，久久不愿松开。此时此刻，此情此景，看到科考队员们黝黑而疲惫的面容，看到简朴而隆重的场面，怎能不为之动容！

晚上10时许，正在敦煌检查工作的甘肃省林业厅党组成员、绿化办副主任张肃斌一行，特意赶到我们下榻的广源宾馆看望科考队员。夜深了，我独自在房间看着国家林业局发来的贺信，读着总指挥张守攻院长发来的短信，静静地思考、细细地品味：这次沙漠科考牵动着多少人的心啊！

凯　旋

渔家傲　凯旋途经阿克塞

沙漠科考壮志酬，勇士惜别过镇口。边塞戈壁绿茵洲。
水自流。金鞍山*下把客留。

道旁献上酸奶酒，迎宾楼前叙故旧。民族兄弟手挽手。
醉方休，山高原深情难收。

9月23日

星期日　晴

　　凌晨2点，从西湖湿地自然保护区归来的队员们赶到敦煌，两队胜利会合。上午9点，科考队在敦煌召开了"首次库姆塔格沙漠综合科学考察总结大会"。

---

* 金鞍山即指阿克塞哈萨克自治县境内的阿尔金山支脉。

会上，首先宣读了国家林业局发来的贺信，转达了张守攻总指挥对本次科考圆满结束、胜利凯旋的热烈祝贺和亲切问候。我和卢琦作了简要的工作总结。一言以概括：占尽了天时、地利、人和。这14天野外科考，我们在2万多平方千米的库姆塔格沙漠，翻越了一座座崎岖的沙梁，划出了一道道清晰的车辙，淌下了一滴滴咸涩的汗水，留下了一个个深深的脚印。从队员们的笑脸上，从阵阵掌声中，不难看出大家多么留恋这支团队，多么珍惜这段相处的日子！

上午10点，我和卢琦随地质组鹿化煜教授等一行前往鸣沙山——库姆塔格沙漠东缘取沙样。两辆吉普车绕过月牙泉一直冲上沙山顶部，然后徒步沿山脊线登顶。天高云淡，秋风送爽，极目四望，一片金黄，敦煌市区、鸣沙山和月牙泉尽收眼底，好不风光。这次科考，专家们又一次考证：敦煌鸣沙山是库姆塔格沙漠的重要延伸和组成部分。这对于保护敦煌世界文化遗产，寻求防沙治沙良策具有极其深远的意义。

下午5点，队员们在出发地——敦煌市政府广场再一次集合，在队旗上签名并合影留念。6点，我们在广源酒店举行庆功酒会，敦煌市副市长王红霞、林业局长高华应邀出席。8点举行欢歌晚会。队员们用不同的方式，表达着彼此的感情，回味着难忘的经历，又一次深深感受到团队的温暖和力量。

明天，科考队员们即将回到自己的工作岗位。依依惜别的深情溢于言表，铭记心头。中秋、国庆佳节即将来临，我发自内心地为队友们祝福！

沁园春 大漠寄语 *

点点星辰，朗朗夜空，绵绵沙山。

阿尔金峰巅，雄姿隐现。库姆塔格，明月高悬。

天随人意，地遂心愿，壮士披甲正当年。

无反顾，闻出发令响，快马加鞭。

任凭风沙骤起。更何惧，路险秋夜寒。

仗学科集合，团队作战。披星戴月，露宿风餐。

南北穿越，威震荒原。探求真知寻根源。

十万里，铸科考之魂，吾辈当先。

---

* 首次库姆塔格沙漠科学考察，自2007年9月10日至23日，历时14天，61名队员，19辆车，累计行程5万多千米。

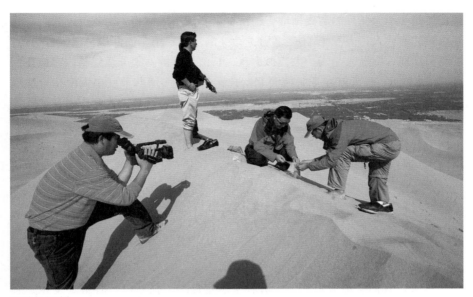

鸣沙山取样

9 月 24 日

星期一 晴

　　上午 9 点 30 分许，我和卢琦、褚建民随甘肃治沙所王继和所长、赵明副所长一行，离开敦煌。王红霞副市长、高华局长和政府办副主任吴金萍前来送行。

　　敦煌，这座留下难忘记忆的城市，将永远铭记在我的心中。今天，我们将沿着河西走廊——古丝绸之路、欧亚大陆桥甘肃段向东行进。这是我多年来向往已久的路，出城不久，天上飘起小雨，给沿途增添了不少新的话题和乐趣。

　　下午 2 点，我们到达明长城西端的终点——嘉峪关。午饭后，我们登上城楼参观。面对茫茫荒原上矗立的"天下第一雄关"，细考当年镇守边关的游击将军府官邸，真有"怀古之悠悠，怆然而泪下"之感叹！离开嘉峪关，已是下午 4 点半了。我们继续东进，途经玉门市、酒泉市，一路荒原，植被稀疏。每遇绿洲，便是乡村、城镇的居民点。快到张掖，见到了连绵不断的祁连山脉。此时，天上又飘起了小雨。真神了！风雨送我们一路到张掖。张掖市水源涵养林研究院张副院长早已在金都宾馆迎候。晚餐席间，主人给我们提起的话

题自然是介绍金张掖的历史地理、经济社会、民俗风情和生态状况。夜间，我不由想起唐代大诗人王维《使至塞上》诗文的意境："单车欲问边，属国过居延。征蓬出汉塞，归雁入胡天。大漠孤烟直，长河落日圆。萧关逢候骑，都护在燕然。"据考证，居延就在今张掖西北。公元737年，河西节度副大使崔希逸战胜吐蕃，唐玄宗命王维以监察御史的身份出塞宣慰。这首诗描写作者长途跋涉的见闻，至今流芳千古。

9 月 25 日（中秋节）

星期二　阴有间断小雨

　　今天，我们实地考察祁连山森林生态定位站。该站位于甘肃省南裕固族自治县羊哥乡，是科技部国家重点野外科学观测试验站和国家林业局森林生态定位站之一，距张掖市区70多千米，大野口水库河道旁。海拔 2600 ～ 4280 米，地理坐标 N38°14' ～ 38°44'，E99°31' ～ 100°15'。年平均温度 0.5°C，年降水量440毫米，无霜期90 ～ 120天，属高寒半干旱气候带山地森林草原气候。1973年建站，由甘肃省张掖地区祁连山水源林研究所（现改为研究院）承担，常年固定研究人员12人，大院整洁，设施齐全。从会议室墙上悬挂的各种制度、国内外交流的照片和获奖证书，可见其建站以来对国家和社会的贡献。这里的土壤为山地森林灰褐土和山地栗钙土，主要母岩为石灰岩、石砾岩、紫色砂页岩。植被以天然青海云杉林和山地森林草原、亚高山灌丛草甸及亚高山冰雪稀疏植被带，随地形和气候的差异呈明显的垂直分布带。已到中秋时节，祁连山北坡山地峡谷的灌丛植被已被染成金黄，呈块状分布在悬崖陡坡之上，恰到好处地点缀出山的秋色，水的生机。一阵谷风吹来，透过几分寒意。

　　我们在主人的陪同下，绕过水库，进入试验区，参观了山地径流场、气象站和实验人员宿营帐篷。发现与试验区紧邻，中国科学院寒旱所也新建了类似的观测站，新盖的瓦房显然比定位站多年前建的气派得多。不过，我总有些纳闷：为何要在同一地点、同一学科方向重复建站？难道不能优势互补，合作共建吗？

　　离开张掖，继续前行。在去武威的路上，不时看到公路北侧断断续续有一条绵延的土墙，孤零零地矗立在原野上。王继和所长告诉我，那就是古长城！始建于汉而续建于明，历经千百年风雨沧桑。透过断壁残垣，却依稀可见当年雄伟壮阔的气势，再现戍边征战的历史画卷。每当行到路边几处保留较完整的古城楼遗址，总能遇上旅游团，从人群肤色与神态不难辨别，他们大部分是国际游客，显然被眼前历史封尘的文化积淀所吸引与震撼。

到武威已近黄昏，我和褚建民在赵明副所长的陪同下，走马灯似地领略了雷台公园，考察了雷台观、汉墓出土兵马俑阵容和中国旅游标志"马踏飞燕"。这里古称凉州，也就是到"一马离了西凉界"的地方了。

细雨绵绵，凉风习习。我们在甘肃省治沙研究所度过了难忘的中秋之夜。尽管没有朗朗明月，却有浓浓情深。在这里我又见到了为科考队做晨炊和晚餐的炊事员张兴全师傅——那天沙漠生日晚会上的寿星之一。特意到厨房向他敬了一杯酒。夜间又飘起了小雨，像是在为沙漠科考的队友们洗尘。

渔家傲（三首） 河西行

（2007 年 9 月 24 日至 26 日，适逢中秋之夜）

（一）

辞别敦煌走河西，荒漠连绵人迹稀。嘉峪关外客寻思。
登楼兮，巍峨依旧群山低。

金张掖过银武威，长城逶迤秋色奇。祁连雪水汇成溪。
今胜昔，乌鞘岭上莫停息。

（二）

久慕雷台石上径，古树汉墓道观庭。马踏飞燕掠空影。
心不惊，兵俑阵前张将军。

夕照余晖脚步停，回首眺望人初醒。问君愿否与同行。
风雨定，沽酒相约诉衷情。

（三）

河西千里一路走，莽莽荒漠眼底收。祁连融雪水自流。
山河秀，金风扑面染绿洲。

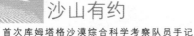

长城内外人依旧，古道农家忙收秋。乌鞘岭上惊回首。
君莫愁，玉门关前把客留。

9月26日

星期三　晴

早餐后，告辞了王继和所长等战友，继续前行到兰州。一号车张国中工程师驾着车，始终与我们同行。车到乌鞘岭，我们作了短暂停留。哦！这里就是河西走廊起点。这条东起乌鞘岭，西至古玉门关，南北介于南山（祁连山和阿尔金山）和北山（马鬃山、合黎山和龙首山）之间，长约900千米，宽数千米至近百千米，为西北—东南走向的狭长平地，形如走廊，故称之谓：甘肃走廊。因位于黄河以西，又称：河西走廊。地域上包括甘肃省兰州和"河西四郡"：武威（古称凉州）、张掖（甘州）、酒泉（肃州）和敦煌（瓜州）。沿途以黑山、宽台山和大黄山为界将走廊分隔为石羊河、黑河和疏勒河3大内流水系，均发源于祁连山，由冰雪融化水和雨水补给，冬季普遍结冰。各条河流出山后，大部分渗入戈壁滩形成潜流，或被沿河冲积平原形成武威、张掖、酒泉等大片绿洲利用灌溉，仅流量较大的河流下游注入终端湖。河西走廊虽然气候干旱，许多地方年降水量不足200毫米，但祁连山冰雪融水丰富，灌溉农业发达。

我留恋这片华夏热土，更陶醉于这星罗棋布般大西北田园风光。我为它浑厚而久远的历史积淀感慨，为它梦幻而神奇的未来憧憬讴歌！这漫长而平坦的河西走廊，这欧亚大陆桥的商旅中段，每一条通道、每一道沟坎，也许都曾留下了千古绝唱的音符，承载着波澜壮阔的史诗。

这里，曾驰过霍去病戍边的铁骑，曾夜奔张骞凄惶不羁的战马，曾回荡班超投笔从戎的誓言，曾留下玄奘西行取经时踟蹰的身影……

这里，曾扬起成吉思汗马队的尘烟，曾走过左宗棠西征的大军，曾碾过林则徐悲愤的囚车，曾留下红军西路军的累累伤痕……

在这千里戈壁长廊，曾流动着绵延不绝的商旅驼队；在这万顷碧野大地，曾流传着慷慨悲壮的华文诗章。

今天，无论是谁，无论他以怎样的心情、姿态和方式走过这横贯东西的河西走廊，穿过这跨越千年的丝绸古道，都会陷入无端地引发对历史的沉思，对未来的憧憬，都会由衷地产生一种心灵的震撼，情感的升华。这就是河西走廊，一条卧龙般、既寻常又不寻常的高速公路。

中午时分，我们到达兰州，早已备好午宴迎候我们的中科院寒旱所肖副所长和屈建军、董治宝、王志恒、肖生春等队友阔别数日，今又重逢。那股亲热劲儿，使人仿佛又回到了库姆塔格，回到了那段凝聚永恒的日日夜夜，那段挥之不去的科考历程。

午饭后，我们应邀到寒旱所作短暂停留，参观了展示该所发展历程、科研成果和英才辈出的展览大厅。下午，满载队友的情谊，披着大漠的风尘，背着科考的行囊，我们踏上了回京的路。屈指一算，从 9 月 5 日到今天，库姆塔格沙漠综合科考前后 22 天，它将在我人生中留下那最难忘、最值得永远怀念的一页！

沙漠科考纪行诗

时近仲秋气正爽，各路英豪聚敦煌。
昨夜饮罢壮行酒，今晨鼓角威风扬。

红色队旗红戎装，勇士出征迎朝阳。
送行三百六十里，雅丹道别大路旁。

莫道大漠多荒凉，干湖沙丘扎营房。
新月沙丘映新月，营地灯光伴星光。

初战告捷西战场，往返尾闾试锋芒。
小泉沟边芳草地，大峡谷中峭壁梁。

回营当晚热面汤，生日晚会篝火旺。
测绘铁塔寻地标，八一泉边走一趟。

全球定位点无盲，卫星传输通讯畅。
洪积扇上采标本，戈壁建站观气象。

石砾堆上勤取样，羽状沙丘细端详。

巍岸雅丹

终端湖畔探究竟，苇子泉涌溯流上。

刚送驼群过沙梁，又见草地奔羚羊。
风卷沙尘刚落定，云带甘霖从天降。

烽火台边谁寻访，悉心考证论短长。
摄下天边勾状云，采录沙山波纹状。

大漠深处驰疆场，戈壁荒原如指掌。
南北穿越创奇迹，东西贯通写辉煌。

烈日当空汗水淌，秋夜遇寒裹衣裳。
披星戴月平凡事，露宿风餐似家常。

野外探知勤思量，黄昏归营谈感想。
扬沙拌面多滋味，羊汤泡馍分外香。

环保理念君莫忘，战地文化更多样。
阳光能源纸盒箱，跨上马扎写文章。

热血男儿胸坦荡，三代夙愿我担当。
莫道征程多艰险，谱写新篇论沧桑。

科考恰似大课堂，凝聚精神流芬芳。
团队协作求真谛，学科集合皆智囊。

才闻多坝沟水响，又尝甘甜酸奶浆。
阿克塞人勤相邀，民族兄弟情谊长。

七里镇外灯初上，班师凯旋锣鼓响。
踏遍沙山人未老，男儿含泪饮琼浆。

02

沙漠情缘

张怀清

博士、研究员、硕士生导师。中国林业科学研究院资源信息研究所。主要从事计算机应用研究。

最早接触沙漠，那是在小学课本中，图片上那一望无际的沙漠，曾引发了许多的唏嘘感慨，那是印在脑海中遥不可及的梦。其实，对于南方土生土长的我，见惯了山清水秀的大江南，习惯了淅淅沥沥的雨水渐渐的滋润着泥土。对西北的满天风沙和急骤的暴雨没有半点概念，只感觉那广袤无垠的大草原、大沙漠和戈壁，展示着大自然的伟岸，像神秘的梦一般令人神往。

前几年有机会参加沙尘暴及沙尘天气监测的几个科研项目，对沙漠有了点感性认识。驱车驶过内蒙古沙漠的边缘，远望没有尽头的沙漠，谈不上走进沙漠，更没有深入到沙漠的腹地。当得知我能有机会参加库姆塔格科考的消息时，我满怀欣喜，终于有机会亲近沙漠了，内心深处升起了一股浓浓的向往之情。我怀着一份对沙漠的敬畏和期许，还有几分探索和揭秘的心情，踏上了这次沙漠科考的旅程，开启了我的沙漠情缘。

在本次库姆塔格科考行动中，所有人员被分成2队，每个队按照要求分成几个组。我被分在科考队的测绘组，主要任务是负责科考制图、沙漠动态变化监测等工作。出发前准备了2000年的沙漠TM遥感图像，从图像上看，库姆塔格沙漠像一片羽毛一样，放置在新疆和甘肃的交界处，中间是层次分明的沙丘，排列非常有规则；沙漠上部的沙丘均是东北—西南走向，逐渐往下，除了东南角的沙丘转为西北—东南走向外，其他均转变为北南方向。东北部的沙丘"羽毛状"比较清晰，沙垄紧凑；西南部的沙丘间距较大且不规则。周围的戈壁比较清楚，整个沙漠从图像上没有反映出大面积郁闭度较高的植被。

我们一共准备了 3 套遥感影像图，每套打印了 1：20 万和 1：10 万两份，每个队都有一套遥感影像图供考察时用。

9 月 8 日

科考队员早上 5:30 起来，赶去敦煌的飞机。航班还算准点，到达敦煌宾馆正好是 11:30。敦煌是沙漠绿洲，有水的地方，自然植被就比较茂盛。然而，沿路的空旷和大片的戈壁，已能令人嗅到沙漠的气息了。12:00 自助午餐后，队员们整理各自的装配。这次科考准备十分周到，发放的装备很齐全，质量也好，吃穿住行的行头一应俱全，给我们接下来的科考活动带来了很大的便利。晚上，我和其他几个组的专家们讨论了工作计划，交流了工作想法，一夜都兴奋难眠。

高大沙山

9月9日

上午 9:00 ~ 12:00，卢琦研究员召开了科考研讨会。主要讨论了这次活动的详细内容、工作设想和具体安排。研讨会上，水文组、地质组、植物组、动物组的组长及其他几个组的负责人介绍各组本次科考活动的实施方案，专家们相互交换了意见。这次研讨会也是库姆塔格科考活动前的动员大会，使科考成员更清楚地明确自己的考察任务，促进小组之间的分工协作，尤其是具体落实临时和固定气象站的设置等共同关心的问题。下午，前线总指挥蔡登谷研究员给全体成员交代科考的注意事项。总体来说，科考前的工作有条不紊，安排到位。

9月10日

上午 9:00，在敦煌市政府广场前举行了科考出发仪式。中国林业科学研究院张守攻院长和敦煌市市长等领导人参加了出发仪式。整个仪式隆重而热烈，各个单位对此次科考之行都非常重视，也寄予了很大期望。上午 10:00，随着张院长一声令发，19 辆沙漠越野车浩浩荡荡，正式从敦煌向库姆塔格沙漠进发。车队一离开敦煌市区，就是一望无际的戈壁。车子在戈壁公路上颠簸着快速行驶，卷起一路飞尘。不由人感叹，沙漠离人们的生活是如此之近，沙漠的绿洲又是何其的珍贵和弱小。

11:30 的时候，车队到达雅丹地质公园，这里就是著名的雅丹地貌的集中地。据说这是历史上经水流冲刷后，长期风蚀而形成的。在广阔的戈壁上，那各种各样的土丘，有的像航道，有的像城堡，有的像各种各样的动物，千奇百怪，真是感叹大自然的鬼斧神工。

中午 12:00 我们到达了魔鬼城。这里的雅丹地貌特别典型，隆起的土丘像一艘艘军舰排列整齐地竖立在大戈壁滩上，尤为壮观。据说一到晚上，这里的风特别大，大风吹向毫无阻挡的雅丹，在土丘间的峡谷中迂回，发出鬼哭狼嚎的声音，非常恐怖，这就是魔鬼城的由来。魔鬼城是进入沙漠的入口，我们在此停下来作短暂休息，用完中餐，院领导就地举杯送别。于是，开始了真正的沙漠之行。

　　库姆塔格沙漠是个罕无人迹的地区，从魔鬼城入口进入沙漠就再也没有任何道路，一望无际的沙漠完全没有方向。因此，沙漠旅行经验特别重要。我们很惊叹此次车队中向导师傅的方向感，在我们两个多星期的行程中，他们带领我们一路穿梭，竟然没有迷路和走错方向。就连那些一刻不离地拿着 GPS 仪器的队员也不得不佩服向导师傅的丰富阅历。

　　车队在广阔的沙地上飞速行驶，远方只有更加广阔的沙漠和湛蓝的天空，车轮留下的深深印迹，会再次淹没在扬扬的沙尘下面。我们一路风尘仆仆，渐渐远离了那城市的喧嚣、往日的繁忙。

　　开始的路段比较平坦，下午 16:30 左右，我们就到达了一号营地。先头部队已经在营地上搭起了大帐篷。这是一片开阔地，地势平坦，较低的地方布满了白色的泥壳。泥壳的形成是在雨量丰富的年份，低处积满了水，再经过强烈的蒸腾作用，渐渐干枯，到最后就留下了泥沙板结的块状物。由于沙漠中盐分含量大，因此这些泥壳呈现白色。泥壳地上散发出一股浓浓的像橡胶烧焦的气味，听说这是因为泥壳中含有大量的硫黄类物质，经过太阳暴晒后散发出来的。

　　我和动物组的几位专家在营地四周考察了一圈，营地周围长着零星的沙生植物：主要是红柳、梭梭、沙拐枣等，覆盖度不到 0.1。在植被周围发现了一些动物的痕迹，有老鼠洞、蜥蜴和鸟类等。沿路有一片沙地上散布着各种各样、大大小小的石头，有红色的、白色的、黄色的、黑色的、棕色的和肉色的，形态各异，好似流星雨散落下来的飞来石，很是奇异。其中，我们发现了传说中的风凌石，是经过漫长的风沙侵蚀而成的。

　　考察回来后，地质组和水文组已经在营地边缘采了土样，看来大家都没歇着。天色渐渐黑了下来，大家忙着安营扎寨。一会儿工夫，红色的帐篷星星点点地遍布在沙地上，好似一颗颗晶莹剔透的玛瑙石，煞是美丽壮观。晚餐吃的是面条，大家都很饿，闻到大帐篷飘来的面条香，都垂涎三尺了。晚上看着帐篷外漫天的星星，听着风呼呼地吹打着帐篷，悸动的心还久久地不能平静。

9 月 11 日

　　沙漠的天气早晚温差很大。白天能达 30℃，晚上能降到 0℃ 左右。早上 7:30，太阳快要升起了，外面还是很冷，我窝在睡袋里就是不想起。听到大帐篷里传来的嘈杂声，知道早餐快好了，为了不错过来之不易的早餐，只有挣扎着起来。今天要拔营，顺着沙漠的北沿前往沙漠的西部，并在那安营扎寨，看来今天要长途跋涉了。库姆塔格北部是排列整齐的东北—西南走向沙丘，从一号营地去北部沙漠边沿需要翻过许多的沙丘，这就是典型的羽状沙丘。连绵的沙丘组成一条条长长的沙垄，沙垄之间相对较平。从遥感影像上可以看到灰白组成的条纹，在地面上体现的是颜色不同的沙地。灰黑色的沙地是由颗粒较粗的沙粒组成，沙粒颜色较深至黑色，富含矿物质；黄色的沙地由颗粒较细的沙粒组成，沙粒颜色浅。推断可能是地形和风的共同作用将粗细不同的沙粒分选出来，从而形成不同颜色的条纹。翻越沙丘对驾驶员来说，是一场不简单的考验。不少车辆陷入了软绵绵的沙地，队员们只能靠挖和推来营救陷入沙地的车辆。最难忘的是车子从陡峭的沙丘滑下来的那种感觉，很刺激，令人兴奋。好几次我都冲动得想自己驾驶，可到最后也没有机会得逞。

车队从一号营地往西北行驶，沿路寸草不生，没有任何植被。当车队走出沙丘，到达沙漠北部边缘，沿着边缘往西行驶，沙地变得平坦，被称为库姆塔格的"高速公路"，车队以 80 千米的时速前进。沙漠北部边缘被称为阿奇克谷地，谷地为起伏不大的戈壁。最边沿散布着 1 米多高的红柳包。红柳包的形成是红柳树阻挡聚集沙粒的结果，红柳慢慢地长高，沙粒不断地在红柳周围聚集，越集越高，越集越大，到最后可以形成庞大的红柳包，红柳也可以依赖堆积的沙包储存水分和吸收营养。往北走是散生的芦苇，顽强地生长在极其干旱的戈壁上，芦苇的叶子完全的角质化，以抵抗严酷的环境。再往北就是盐壳地，翘起的盐壳比石头还坚硬，比刀子还锋利，与之相连的罗布泊全部都是被这种盐壳地所覆盖。我们在一个红柳包前用完中餐，继续向西赶往临时营地。

到达临时营地的时候，已经是下午 6:30 了。这是个靠近沙漠边沿的开阔地，边缘有一条深沟，可见这里曾经有很大的流水经过，冲刷的断层可以清楚地看到沙漠的剖面结构。这里沙地很软，我们的车在经过一个小沙丘的时候陷了进去，根据开车师傅的经验，解救被陷汽车最好的方法是在车轮下垫一块长木板，然后一起推出沙地。

气象组在此地架起了临时气象站和永久性测风站，观测这里的风向、风速、温度和湿度等气象因子。我们在深沟边缘捡了许多的红柳枯枝，用来生火做饭。黄昏时分，我们架起了帐篷，金色的夕阳照在红色的帐篷上，分外美丽。晚上的星星特别耀眼，风吹起柔软的沙粒，不停地拍打着帐篷，大家围坐在红柳枯枝生起的火堆边，聊到很晚。时间在这里似乎凝固了，好像回到了故乡那无忧无虑的童年。在这样的独特环境中，人的思维变得很单纯。

9月12日

　　早上9:30车队从临时营地出发，沿着沙漠边缘的小泉沟沟底一直往西走。其实"小泉沟"并非该地的名字，只是里面有一个泉眼，因此人们称其为小泉沟。沿沟的风景可以算是整个沙漠之行最漂亮的景色之一了。小泉沟两边有的地方峭壁耸立，有的地方沙丘连绵。这条沟是野骆驼找寻水源的必经之道，因此两边的沙丘地上随处可见驼队踏出的驼道，有的呈现棋盘样，有的呈现花纹状，煞是壮观。

　　小泉沟两边的植被很少，边缘许多地方留下梭梭树的枯枝。估计是雨水充足的年份，这里的梭梭树长得比较茂盛。沙地还零星散生着小型草本植物，如：盐生草、刺沙蓬、骆驼蹄瓣等。中途偶遇一峰野骆驼，被我们这群不速之客吓得惊慌失措，一路狂奔。

　　车队行至小泉的时候已经是中午了，这是途经的沙漠边缘我们遇到的最大的泉水了。大家近几天来第一次见到流水，都兴奋异常，赶紧捧起来喝喝，典型的沙漠泉水，咸咸的，怪难喝的，但其中矿物质含量比较丰富。

以退为进

我们在小泉边上用过中餐，稍作休息后继续往前行。行至较窄一处，峡谷边滑落的巨石将谷底道路切断了，车只能到此停住。此处峡谷非常陡峭，大部分人望而却步，我和几个胆大的队员沿着石缝爬了上去。从上面俯瞰峡谷更加漂亮，水流冲刷的峡谷断层清晰地呈现在眼前，两边的岩石露出青白相间的漂亮花纹。我们沿着谷底继续往里走，每到拐角处均是整齐的岩石墙体，这样一直往前延续。谷顶生长着多种沙生植被，有梭梭、沙拐枣、盐生草等，麻麻点点地分布在大沙漠中，覆盖度大约为0.1，从遥感影像估计很难将其分辨出来。

继续沿着谷底往前走，我们又发现了几处泉水，从石头缝里流出来，依然是沙漠里非常珍贵的有限资源，我们从这里取了水样带给水文组。由于在谷顶逗留的时间比较长，往回走的时候已经下午4:30了，返回的路上又遇到了上午那峰奔跑的野骆驼，估计这会已经累得跑不动了。也可能上午是头一回遇到人，还不知是何方神圣，居然也没对它产生任何伤害。于是这次干脆摆好POSE给我们摄像。晚上7:30回到营地，照样是两包方便面，今天太累了，早早地休息了。

9月13日

早上9:30出发，从临时营地沿路返回一号大本营。中途经过沙漠边缘，进入阿奇克谷地腹地进行考察。靠近沙漠的边缘分布着大小不一的白刺包，往前走是芦苇，中间夹杂着罗布麻等植被。惊叹芦苇在如此干旱和盐碱化的土地上还能倔强地生长，甚至在满是白色盐渍的地面上也照样不屈不挠。

汽车沿阿奇克谷地腹地往北走，经过一片红柳包遗址，硕大的红柳包留下了曾经的辉煌。从远处看活像一个大碉堡，在广阔的戈壁上成为了不多的明显地物点。再往北就是那一望无际的盐壳地，一直延伸到罗布泊，我们的越野车也不敢越此雷池，估计没有相当好的装备是不能安全从又尖又硬的盐壳地上通过的。

下午沿路返回一号大本营，仍然要翻越那一道道的沙丘，有了上次的经验，这次的翻越显得非常轻松，没有车辆陷入沙地。今天的日子很特别，科考队里有三位队员集体过生日，晚上生起了熊熊的篝火，来庆祝这特别的日子。

9 月 14 日

早上 9:30 从大本营出发，往北再次进入阿奇克谷地，寻找传说中的八一泉。芦苇、河西菊、甘草、麻黄等植被散布在沿途的谷地中。

往北走，进入罗布泊野骆驼自然保护区。这里有一座简陋的房屋，人们猜想，屋边可能就是"八一泉"。泉水汩汩地从泉眼里不断地冒出，滋养着它周围的植被。由于得到充足的水分和养分，植被生长得相当茂盛，在遥感影像上可以看到一片特别显眼的高亮红色。

再往北 10 千米，经过一处雅丹，发现一片长得特别茂盛的芦苇和甘草。走近一看，里面还有两块纪念碑。其中一块碑上刻着"八一泉"，大家恍然大悟，原来这里才是真正的八一泉。八一泉曾经是驻守军队补给水源的地方，现在见不到地表泉水了，但是从周围茂盛的植被可以推测，这里依然有地下水的存在。

从沙漠边缘朝罗布泊望去，在阿奇克谷地和罗布泊交界处有一排整齐的树木，在遥感影像图上呈现一条红色高亮植被带。为了确认其植被类型，我们驱车艰难地绕过了一个又一个的盐壳包，在距植被带 2 ~ 3 千米处，汽车再也无法通过。于是我们顶着中午的烈日，步履蹒跚地穿过盐壳地，汗水湿透了颊背，终于来到了植被带。这是一个植被生长非常茂盛的条状地带，宽度大概 100 米左右，雨水充足的时候有流水经过，芦苇、红柳、梭梭、沙拐枣等植被生长高大，枝叶茂盛。令人奇怪的是，在如此人迹罕至的地方，居然有一条平整的小路。很显然这条小路是经过长期踩踏而形成的。如果不是人类，会是谁呢？外星人吗？我们在路边寻找着，看到了一堆一堆的驼粪，由此断定这是一条驼道，这里是野骆驼经常取食和栖息的地方。而且，高高耸立的红柳包遗址也在向我们展示它曾经在这里绚丽过。

早上 9:00 从一号营地出发向南穿越沙漠腹地，向二号营地进发。一路风尘仆仆，周围是连绵起伏的沙丘，风景如画。

9 月 15 日

穿越沙漠时，我们在红沟边上遇到了三群野骆驼，共 18 峰。野骆驼很少与人类打交道，所以发现我们后飞快地逃跑，转眼消失得无影无踪。

　　下午从南部沙漠走出，进入到戈壁，戈壁上主要是梭梭、红砂、合头草等植被，覆盖度0.1左右。在戈壁又遇到了7只黄羊，奔跑起来速度非常快，有人说黄羊时速可以达到80千米，因此每次等我们举起相机，就已经找不到它们的踪影了。这时，戈壁上刮起了风，风将沙尘高高地卷起，整个戈壁都笼罩在沙尘中。风力渐渐增强，达到6～7级，让我们第一次经历了沙漠中典型的扬沙天气。我们到达南营地时，已经是下午7:30，风沙吹得人无处藏身。我们将汽车排成一排，在背风处安扎帐篷。晚上风力达7～8级，后半夜还下起了雨，气温急剧下降。这一夜，风、沙、尘、雨鼓足了劲儿向我们展示着各自的威力，不遗余力地肆虐着沙漠中所有的生灵，疯狂地鞭答着我们那弱小的帐篷。我们胆战心惊地熬过在沙漠中最为恐怖的一夜，深深感受到人类有时很渺小。

9 月 16 日

　　早上气温很低，经过昨晚一夜的风沙和冷雨后，终于平静下来，大家哆哆嗦嗦地从帐篷里和车里钻出来，抖落满身的沙土。经历了如此恶劣的夜晚，我想大家对最艰难的环境也无所畏惧了。天空仍飘着厚厚的云，空气很清新，早上大口喝着帐篷里香喷喷的面疙瘩汤，风雨过后，生活又是多么的一种享受呀。八点多的时候，金色的太阳照在了营地，天气渐渐暖和起来。我爬到营地旁的沙丘上走了一圈，庞大的沙山和远处的阿尔金山像一幅油画铺在地上，非常漂亮。9:00大家拔营，准备将营地转移到比较开阔的地方。大部队往西走，大约11:00的时候车队到达新营地。

　　我们将指挥部的帐篷搭起来后，动物组、水文组、植物组和我们测绘组四个组驱车往南，向阿尔金山的方向，寻找向导介绍的"天池"。刚到阿尔金山脚下，就被阿尔金山独特的美感所震撼了，那色彩浓郁的山体像一幅绝美的国画，湛蓝的天空下连空气都是那样的纯净无瑕。青白相间的山体组成雅致的花纹，从那一条条自山顶到山脚的花纹可以看出，阿尔金山很可能是由火山喷发的岩浆形成的。山上全是岩石，寸草不生，从风化的角度看，阿尔金山还相当年轻。谷地零星散布着各种灌草，主要有红柳、霸王、裸果木、盐节木、红花岩黄芪、黄花矾松等。

　　到达天池的时候，才发现并没有想象中的那么壮观，只是从山上流下来的雪融水，在山间聚集成小小的水坑而已。由于昨晚下了一场雨，水还是浑的。进沙漠一个星期了，还没有刷牙呢，看见了这潭水，我们终于可以舒舒服服地洗脸刷牙了。虽然水很浑很凉，但是已经管不了那么多了，我们几个干脆在水坑里将头和脚都洗了。穿了一个星期的速干衣，每天汗湿了又干，干了又汗湿，早已盐碱化成硬壳了，这时干脆也脱下来洗洗，速干衣很快就能干，真是脏不择水呀。

山谷到处都散布着驼粪，马木利向导从驼粪的大小、形状和颜色可以判断野骆驼采食的季节、时间和健康状况。看来山谷也是野骆驼经常光顾的地方，听说山上经常会发现狼，算是野骆驼的唯一天敌了。

依依不舍地从山谷下来，已经是下午1点了，吃罢速食中餐休息片刻，我们驱车前往阿尔金山另一侧的梧桐沟，那里也是个水肥树茂的地方。车沿着山谷颠簸前行，到了最后乱石砾堆挡住了去路。下车沿着山谷往上走，步行2千米，到达一处植被生长非常茂盛的地方，从山谷缝中可以看到水慢慢地渗出来。高大的胡杨是这里最为明显的标志，在山缝中倔强地生长，令人感到生命是何等的顽强。传说胡杨具有"活着千年不死，死后千年不倒，倒后千年不腐"之美誉，这和沙漠极其干旱的气候密切相关。道路两边的胡杨树上到处挂有骆驼的绒毛，可见有水有草的地方都是骆驼喜爱光顾的。谷地中生长着许多非常茂盛的裸果木、胡杨、红柳、芦苇、甘草、霸王等，这些是梧桐沟的主要植被。

下午6:30我们返回了营地，今天天气很好，我们组选择了一个小山包扎下了营，由于昨晚下雨，地上的沙子还没有干，我们将上层10多厘米的湿沙刨掉，露出下面的干沙，将帐篷架在干沙上面，睡得就比较舒服，看来露宿也有大学问。

晚上终于能吃到久违的米饭了，一人一碗土豆洋葱炒肉，米饭不限，那种香甜是沙漠里最令人向往的，成为一天中最急切的期待。

今天留守一号营地的几辆车将全部转移过来。但是白天一直没有联系上，大家都很担心，一直到晚上11:00的时候，有人看到了远处车辆的灯光，于是将车开到营地山顶上打开车灯，让远方的车辆清楚营地的方向。晚上12:00的时候，全部车辆终于会合营地，大家悬着的心终于落下来。科考的晚上最难忘的除了看电影，就是打着手电筒打牌了。我和动物组的几位专家穿着厚厚的羽绒服，用三脚架固定手电筒，把随身带的皮箱往地上一搁，一个牌局开始了。本来带上三脚架是用来拍日出和动物的，到最后才发现支手电筒是唯一的用场。

晚上钻进鸭绒睡袋里，睡得很舒服，但脚很凉。看来我们是已经适应了

沙漠游移生活。大约凌晨 4:00 ~ 5:00 的时候，突然刮起了大风，风夹着沙尘不停地吹向帐篷，打得帐篷劈劈啪啪地直响，帐篷的通风口处，不停地从外面漏进沙来。每一阵风过后，都有沙子从外面沙沙地灌进来。干脆将头埋进睡袋，照睡不误，看来功夫已经修炼到家了。

9 月 17 日

早上起来，风沙更加厉害，刮起了 6 ~ 7 级大风，渐渐地由扬沙天气转为沙尘暴。远处的蓝色天空被浓浓的土黄色沙尘所笼罩。大风刮起地面上的层层沙土，一波一波扑头盖脸地打过来，令我们一个个灰头土脸。我们和动物组的战友 9:30 出发，仍然前往南部的阿尔金山北侧谷地。汽车翻过一个沙漠通往戈壁的山口，马木利向导戏称其为"马木利大阪"。实际上这是一片戈壁开阔地，通过此山口能进入到沙漠的腹地。再往前走经过一处非常平坦的戈壁滩，没有任何植被，也被戏称为"马木利机场"，估计真要在此建立机场是非常省工的。穿过"马木利机场"，沿着沙漠边缘往南行驶，进入阿尔金山和库姆塔格之间的大戈壁，这里植被生长较好，从遥感影像上表现为灰色，略带有红色纹理的条状。我们考察了大部分地方，戈壁上的植被基本类似，主要有霸王、麻黄、合头草、红砂、沙拐枣、裸果木和黄花矶松。覆盖度大约在 0.1 ~ 0.2 之间。戈壁上纵横交错地分布着从阿尔金山上下来的水流冲洗出来的河床。

接近阿尔金山的时候，到处是水流冲刷形成的河床，道路行走非常艰难。由于植被丰盛，这是一片野生动物的天然养殖场。沿路我们遇到了好几群野骆驼和黄羊。还看到一队工人在用推土机开路，为进入阿尔金山开矿铺平道路。在如此人烟罕至的地方，此景让人感到人类像一群入侵者。这引发了我们的思考：人在向自然索取资源时，是否真正可以做到利用和保护的和谐统一。离开施工现场往东 7 千米，再沿着山谷往前走大约 15 千米，我们发现了一处较大的山泉，大型运水车每天都从这里装水，为开路施工的工人补给水源。

9 月 18 日

昨晚一夜无风，睡得很好，早上外面很冷，8 点都不想起来。可是，再不起来早餐的馒头就没了，还是肚子要紧呀。听说昨天别的组发现了两个沙漠湖，我们向他们要了经纬度，早上和动物组准备去看看。往西开车一个小时就到了，原来，这算不上沙漠湖，顶多是沙漠里的两个小水坑，大概 50 ～ 60 平方米左右，位于沙丘的谷口，应该是雨水或四周流下来的水聚集在此低洼处。周围也可以看到这样的结构，不过水已经干涸了，只留下白色的泥壳。水坑底部覆盖了一层细细的红色泥土，这是最好的防漏材料。据说北方的许多水窖底部就采用这样的材料防漏，比水泥更环保，又能保证水不容易变质。从底部的绿藻可看出，这里并没有地下泉水。周围的沙丘很大，鸟类成群，稀疏地长着高大的梭梭。

我们走出沙漠边缘，有一座观测塔，爬上顶部可以看到沙漠更远处。让人惊叹的是，天空竟然是如此的湛蓝通透。接下来我们继续往边缘戈壁调查，和前几天一样，主要植被类型仍为霸王、麻黄、合头草、红砂、沙拐枣、裸果木和黄花矶松。开花的沙拐枣在戈壁滩上显得格外的美丽。在戈壁草原上，我们又遇到了几群黄羊，大约有 30 来只，还遇到了 5 峰野骆驼。

至此，不得不介绍一下我们朝夕相处的亲密战友：中国林业科学研究院吴波研究员，是一位博学的荒漠化防治专家；热心肠的国家地理杂志编辑部主任杨浪涛先生；内蒙古阿拉善右旗专业车手张金元先生。我们四位临时组成一个小分队，在库姆塔格沙漠科考期间配合默契，共同度过了整个令人难忘的沙漠岁月，结下了深厚的友谊。

我们科考的中餐主要是一种海军单兵自热食品，就是一种快速食品，打开食品盒，将适量的水注入食品包装塑料袋里，里面有见水快速反应制热物质，需要大约 15 分钟时间，就可以将食品烤熟。种类还比较丰富，有面条、米饭、素食等一共 6 种，分量很大，胃口大的人一盒也足够了。刚开始几天还挺新鲜，吃得很香，到最后就有些坚持不下去了，毕竟这种快速食品保质期达一年多，其中的防腐剂肯定少不了。好在整个后勤补给非常充足，我们有比较充足的面包、水果、牛奶等食品可供选择。沙漠里水是最珍贵的，我们除了吃喝，节约使用每滴水，每次吃完饭的碗基本上都是用沙和纸擦干净。

经过两次沙尘天气，我们也有经验了，睡觉前将帐篷的外帐边缘全部埋在沙里面，这样外面刮沙时，沙尘就不容易灌进去。

9 月 19 日

昨天一天太累了，昨晚 10 点就钻进帐篷睡了，一直到早上 8 点才醒来。今天我们沿着南部戈壁滩往东走，车穿越层层的灌草，沿着戈壁滩上的河床前行，渐渐的越来越难走。突然前方山脚下发现了一峰小骆驼，才 1 周岁左右大小，我们下车慢慢地靠近。小骆驼看见我们，并没有跑，可能头一次见着人，正紧张着呢。我们继续往戈壁中间走，出现了遥感影像中可以看出的一条公路，可惜已经被河水冲成一段一段的，道路变得特别难走，往往为了过前面的坑要绕好长的路，剧烈的颠簸将我的胃都颠疼了。我们走 2 千米要花 2 个多小时，估计今天是到不了阿尔金山下了。下午 1:00 的时候，我们到一座放牧废弃的屋子前中餐，中餐后赶回营地，听说今天下午敦煌市的领导要来看望科考队员。回营地的时候才 5:00 多，敦煌市领导送来了两头羊，晚上有大块羊肉吃了，大家都很兴奋。晚餐后看老影片《桂河大桥》，这样的生活还真不错。

9 月 20 日

早上拔营前往东部的多坝沟，沿着昨天我们走过的西面山谷往前走，经过一条砾石公路，由于经过维修，路面比较平坦。中途经过新疆和甘肃的边界，进入阿克塞县境内，一直到达阿克塞县多坝村。这是一个典型的沙漠绿洲乡村，村里人口大约 500 ～ 600 人，面积很小，由沿沙漠边缘的两个绿色条带组成。村民建筑了一条约 60 厘米宽的沟渠，将远处阿尔金山的雪水引入了村里。我们就在靠近村庄 12 千米的沟渠边扎营。渠里水流很急，大约 12 厘米深，清澈见底。扎帐篷的地方是一片戈壁滩，地上布满砾石。我们将表面的砾石刨掉，露出较平的土层，希望今天晚上不要刮沙尘。安顿完后我们驱车进入村里考察。这个村庄很小，没有我们异常关心的餐馆，全村只有一个小卖部，我们买了点洗漱用品返回营地，开始了全面大清洁。最后我忍不住在雪水中洗了澡，真叫一个透心凉，不过太阳很大，照在身上舒服极了，完毕钻进帐篷美美地睡了一觉，算是给自己放松半天。

9 月 21 日

昨晚有风，好在没有沙尘，听说明天我们就返回敦煌，显得非常兴奋，但也有些留恋，看来今晚是最后一天在沙漠露宿了，日子过得真快。今天我们进入多坝沟村，沿着山谷往里走。不想一进村，在村里绕了好几圈，就是找不到入口的路。多亏当地的一名老者给我们带路，将车开到了沟底，才能沿着河沟往前开。山谷两边的胡杨长得很好，部分树叶黄了，在阳光的照射下分外美丽。其中有些胡杨是人工种植的，属于当地的防护林工程体系。林下有骆驼蓬、红柳、甘草等植被。车沿山谷河道前行 10 多千米的时候，路被山石挡住了，我们下车继续前行，走到前面发现一个三层瀑布，最底层的瀑布大约有 5 米左右。大家都想下去看，但两边的山谷都很陡峭，从这里爬上去相当危险。好不容易找到一个缓坡爬了上去，再翻过沙山从另一侧下来，就到了瀑布面前。瀑布的流水在山谷蔓延开来，形成了一片片湿地，有的地方淤泥很深，一不小心就会陷进去，我们谨慎前行。前面不到 500 米的地方又有一处泉水，泉眼周围长着茂盛的芦苇。往回走的时候已经是下午 1:00 了，中餐后我们沿多坝沟东边的路线考察，本来有条道路，据说是以前准备为开采石油修建的，但是很多地方的路面被水冲毁，行车非常惊险、艰难。迎面遇到其他队里返回的车辆，告诉我们前面有烽火台和河道。等我们到达的时候已经是下午 4:30 了，不能再往前走了，再往前走将进入西湖保护区。据说那里的植被非常好，计划明天赶往那儿。下午 6:30 赶回营地，正好赶上晚餐，阿克塞县送来了羊肉，晚上羊肉米饭，相当的丰盛。

9 月 22 日

今天一早拔营，大部队兵分两路，一路朝东，经阿克塞回敦煌；一路朝北，沿路考察西湖湿地后返回敦煌。我们和动物组等几个车准备前往西湖湿地。从多坝沟往北，沿路要翻过几座沙山，最为惊险的是翻过一座山口，沿着陡峭的山路，汽车速度稍一迟疑就陷进了沙地，但是要在连续的坡路上加速，又是非常困难，最后车队花了半个多小时才翻过山口。往后一直是大戈壁滩，这是库姆塔格的东部边缘，是沙漠和戈壁的交界处，在 TM 遥感影像上反映为青灰色，基本上没有植被。中午行至离西湖湿地比较近的地方，看到几个遗弃的采油井眼和纪念碑，是经实验不理想而放弃的。沿着河道经过一处雅丹地貌，进入西湖自然保护区。这里到处是盐碱地，白色的盐碱非常醒目地覆盖在灰色的泥壳上，就像进入冰雪覆盖的冬天。植被以芦苇为主。到达西湖自然保护区中心，这里芦苇非常茂盛，高达 2 米，周围沙地长满骆驼刺，其他植被包括甘草、红柳等。车继续往东行驶，相间有零星植被散布的戈壁滩和长着植被的盐碱地，典型的特点是地面覆盖着雪白的盐碱。植被除了芦苇、甘草外，还散生着高大的胡杨，有点像稀树草原。

现在的西湖早已经没有任何地表水，湖底全部为盐碱地。在遥感影像上呈现白色、灰色和红色交错分布，这也是整个库姆塔格地区土地利用类型最为复杂的区域，影像上主要反映为：灰色的戈壁、白色的盐碱地与红色的植被。中心茂盛的植被说明仍存在较浅的地下水。

车队走出西湖自然保护区的时候又刮起了沙尘。这里有道路能从自然保护区通到敦煌市区，师傅一上公路，忍不住加大马力全速行驶。可是汽车经过了两个星期的剧烈颠簸，有了不同程度的创伤。我们的汽车前盖在高速行驶过程中突然断裂翻起，贴在了前挡风玻璃上，完全挡住了视线。幸亏师傅老练，凭着丰富的经验和直觉立即驶出公路，避免前后车追尾。我们的汽车最后终于裸着开回了敦煌，结束了我们的沙漠之旅。

库姆塔格之行历时两个星期，我共拍摄了 5000 张相片，收集遥感调查 GPS 样点 1000 多个，平均每天行驶 260 千米，合计总行程 3400 千米。这次沙漠之行的顺利进行，主要归功于细心周到的后勤服务、技术高超的驾车司机、经验丰富的向导师傅和充足到位的前期准备。沙漠之行，给我留下了太多美好的回忆和切身的经历，给了我亲近沙漠的机会，结交了许多真挚的朋友，有机会与该领域的资深专家进行交流，结下了不解的沙漠情缘。每当耳边传来那熟悉的旋律"遇上你是我的缘"，我便仿佛又置身于浩瀚的沙漠中，聆听司机师傅给我讲那些沙漠的传奇故事，与同车的战友一起翻越那艰险陡峭的沙山，体味风雨过后沙漠的宁静和一望无际的开阔……一切都令人回想和深思。正如歌中唱到的：遇上你是我的缘……沙漠独特的魅力，启迪我学习和追求胡杨般的倔强和飞鹰般的从容，我愿再次将我的梦装在行囊中，继续我的沙漠情缘。

03

穿行沙山间，亲历沙漠气象

尚可政

博士、高级工程师、硕士生导师。兰州大学。主要从事干旱气候与气象灾害、中期及延伸期预报方面的研究。

9 月 9 日

在敦煌宾馆北楼，全体科考队员集中后，请董光荣等三沙漠老前辈就各个学科专业组在这次科考重点注意的问题进行最后一次会诊。

库姆塔格沙漠，这个曾经被认为不可逾越的生命禁区，她的名字如同罗布泊一样令人生畏。以至于几代科学家都曾试图揭开她的神秘面纱，而始终未能如愿。明天我们就要从敦煌出发，踏上这块神秘的土地，沙漠老前辈的指点无疑给我们增添了信心和力量。

9 月 10 日

我们从甘肃省敦煌市政府广场出发，向库姆塔格沙漠腹地挺进。14 时左

右，我们到达雅丹地质公园，当地人叫魔鬼城。因存在大面积风蚀雅丹地貌，在风力作用下发出阵阵怪声而得名。科考队决定在这里"打尖"，十几辆越野车停在公路的尽头。每人手里拿上一个纸盒，按照说明书往注水袋灌入适量的水，然后倒入"海军自热食品"袋中。不一会儿，袋中就开锅了，热气直往外冒，饭菜香味也随着飘了出来。20分钟后，饭菜热了，大家狼吞虎咽，一阵风卷残云之后，所有"垃圾"都被挖坑掩埋了。原来这是海军最新研制成的新一代野战快餐食品，主要供部队在野战条件下单兵食用，有绿豆米饭、赤豆米饭、香菇肉丝面、雪菜肉丝面等6个品种，能够保证短时间内吃到可口热食。看来今后15天，我们的肚皮就主要靠它来填充了。

离开魔鬼城后，雅丹渐渐稀疏了，零零星星坐落在沙丘间，远远看去很像蒙古包。车向前行驶，就进入了沙漠。司机们都是多年的"老沙漠"了，像似在沙海中赛车，场面非常壮观。约两小时后，达到北营地。在我们之前，后勤保障队已先期到达，搭好了营帐。营地西靠沙山，脚下是白花花的一片洪积滩，泥块已经龟裂，但是很硬。我们气象组由乌鲁木齐沙漠气象研究所何清副所长、兰州干旱气象研究所刘宏谊和我三人组成。卸下行囊后，何清就迫不及待举起了手持式气象仪，测量风向风速、气温、气压和湿度等要素。

翻过营地西侧的沙山，眼前是一片宽阔的谷地。在谷地中央立着一台自动气象站，在这不毛之地，十分显眼。原来这是一年前兰州干旱气象研究所安装的，但是只能将观测数据记录在存储卡中，过后再来读取，而且一旦观测出现故障，也无法即时知道。这次科考项目与兰州干旱气象研究所合作，对该气象站进行完善，安装自动发射机，通过卫星将每小时的气象信息传输到兰州，我们在兰州就可以实时接收，一旦出现故障，我们也能即时知道，及时维修。我们气象组的任务之一就是完成对该站的改造。我们将该站命名为"库姆塔格1号气象站"。在接下来的考察活动中，我们将选定合适的位置安装另一套全新的"库姆塔格2号气象站"。

9月11日

天刚蒙蒙亮，我们就开始对1号气象站进行改造，安装自动发射机。返回营地后，全体成员收拾好帐篷，准备从北营地出发，向沙漠的最西端进发，对红柳沟和小泉沟进行实地考察。我们气象组也快速装车，随大队人马，一起出发。车队先是横穿典型羽毛状沙丘的羽管，羽管高约 20 ~ 40 米，羽管间相距约 600 米，随着越野车的高速行驶，我们一会儿上山，一会儿下山，下山时坡度一般很陡，心一下子提到嗓子眼上了，大家都足足过了一把"过山车"的瘾。大约 2 小时后，我们到达了沙漠与阿齐克堑谷地交界处，沿这条分界线我们向西南方向前进。这时下起了小雨。下午 14 时许，阿齐克堑谷地已消失在车后，眼前出现一片洪积滩，据甘肃治沙研究所的王所长介绍说，这里是小泉沟的出口处。此处还零星存在着一些大的石头，显然经过了流水的冲刷，是小泉沟流水较大时的结果么？看来不像，也许这里是曾经的古河道。穿过这片洪积滩，我们开始向南行驶，下午 16 时，车队到达小泉沟东测，我们在这里安营扎寨。晚上天很晴，天上的星星是如此的明亮，已经很多年没有欣赏美丽的夜空了。

9 月 12 日

考察队兵分两路，一路向西翻过小泉沟去红柳沟考察，另一路沿小泉沟向南进发。我们气象组随地质地貌组一起沿小泉沟考察。小泉沟发源于阿尔金山，沟壑冲刷很深，最深处达 70 多米，所以山上洪水下来后一直沿小泉沟流向沙漠北部才散开，再流向罗布泊。所以流沙在北风作用下抵达阿尔金山脚下，有些地方甚至漫上山坡。在小泉沟中部，我们意外地发现一眼清泉，这才明白为什么叫小泉沟了。泉水清澈刺骨，队员好好地洗了一把，一去多日的尘面。

在完成西线考察任务后，我们于 13 日晚返回北营地。14 日考察了阿齐克堑谷地。谷地有一水源，名曰"八一泉"，周围芦苇丛生。

9 月 15 日

指挥部决定移营，向沙漠南部的南营地进发。甘肃省治沙研究所副所长廖空太研究员提出了两条可供选择的行进路线，一条是沿原路返回敦煌，然后

从阿克塞到达南营地，好处是路途安全，但时间较长；另一条是南北向横穿沙漠，好处是路途相对较短，但存在一定的危险。经过队员的讨论，认为我们此行的目的就是沙漠考察，为图安全省事而绕道，不是勇敢者的行为，横穿沙漠才能对库姆塔格进行较全考察。我们的向导马木利也保证，他有把握带全队穿过沙漠。因此，我们向西南行进，穿过几个"羽管"后，沿平行于"羽管"的方向南进。随着车队的前移，沙山越来越高，沙丘形态也变得复杂，在一座高约100米的沙山前，车队暂时停下来，前面的几辆越野车略加观察后开始向沙山冲刺，在距山顶20多米处，越野车失去了冲力，司机赶紧掉转方向，跑回山下，有个别司机掉转方向不及时，车停下来，就陷入沙中动不了，队员们只好推车，使越野车返回山下。看来，当沙山较低时，可以靠越野车的冲力跃上沙山，但是当沙山较高时，仅靠越野车的冲力是无法到达山顶的。在仔细地观察了山形后，司机们决定"曲径通幽"，迂回上山，沿着沙山盘旋而上，这一着果然奏效，越野车经过一两次试跑后都跃上了山顶。穿过这片复杂的沙山后，再往前行，沙山变低了，沙山的间距变得非常宽阔了，两沙山相距约3～5千米。沙山间的谷地上的颗粒物，比戈壁滩上的砾石小许多，但比沙粒又大，属于哪一种地貌？

车往前行，我与20多只双峰野骆驼不期而遇。看到我们的车队后，骆驼们有些惊慌，狂奔而去，转眼就绕过沙丘不见了。事后考察队员们不约而同地称此地为骆驼沟。大约下午14时许，我们终于走出了骆驼沟，放眼望去，不远处就是阿尔金山，远处不时升起尘卷风，土尘扶摇直上，此时，我才理解了古人"大漠孤烟直"的意境。由此处到山前，看似平坦，但却沟壑纵横，灌木丛生，行车异常艰难，我们只能在戈壁滩上迂回缓行，30千米多点路程，居然花费了近3小时。当快要走出这片戈壁，接近南营地的时候，从北边天空升起了一道沙尘墙，快速向南推来，沙尘在风力作用下，翻腾而上，"眼见风来沙旋移"，"黄沙直上白云间"。顷刻间，沙尘暴已将我们包围，能见度降至50米以下，我们只好停下车来静候。约30分钟后，风力稍弱，能见度增大，我们抓紧前行，穿过北山山口，眼前是一马平川，队员们命名此处为"马木利机场"。越野车争先恐后在"机场"上奔驰。不一会到达营地。考虑到风大，后勤保障队将营地建在山沟里。大家都很累，所以在北风呼啸中，钻入帐篷中就很快入睡了。

9 月 16 日

　　天亮后，风声听不见了，起来一看，帐篷都湿了，原来前半夜有沙尘暴活动，后半夜却转入降水天气了，地上湿沙层足有半尺厚，一查雨量计，降水量 4.5 毫米。在此前的 9 月 11 日，北营地就曾出现了降水量 5.0 毫米。按理说，库姆塔格年降水量不足 30.0 毫米，且降水主要集中在夏季，此时秋高气爽，不应该有如此频繁的降水天气过程。甘肃治沙所的王继和所长走过来对我们气象组调侃："我带领甘肃治沙所仅秋季来过这里三次，一次降水也没有遇到过，你们气象人员一来，一周内就带来了两次降水。"这可真是应上了一句古话"懒人不出门，出门天不晴。"说话间，满天的云已经东移消散，天空湛蓝，能见度极好，黄色的沙山在晨光的照耀下呈现红色，别有一番景象。昨晚的营地设在山沟，不便外出考察，在刚刚经历了一次天气过程后，下一次天气过程估计约在 6 ~ 7 天以后，所以指挥部决定移营到平地处，以便出行。于是在 9 月 16 日上午我们的营地移到相对平坦处。由于昨晚上降水的缘故，我们不得

架设卫星自动传输气象站

不将地表上的一层湿沙铲去，然后将湿帐篷搭起来晾晒。

我们气象组今天的主要任务是选择 2 号气象站的位置，因此我们驱车西行，到达"马木利机场"中部时，我们停车下来察看，这片戈壁东西约 10 千米，南北约 6 千米，距南面的北山约 3 千米，距北面的沙山也约 3 千米，在此处建气象站，局部地形的影响很小，可以反映大范围的气象要素特征，这里还是沙漠和戈壁的分界线，是理想的建站场所。所以我们决定在此建站。我们迅速返回营地，让运送气象站的卡车直接将所有部件运到我们选好的位置。

下午我们调好方位，安装上气象站的底座。刘宏谊有过上珠峰 6500 米高度上安装自动气象站的经历，所以部件组装的技术性工作主要由他来完成，何所长和我充当下手，并负责挖坑。为了防止电池被冻坏，我们将其埋入 1.4 米之下。经过 16 日下午和 17 日一整天的工作，"库姆塔格 2 号气象站"初步安装好，于 17 日 20 时开始正常发送数据。为了防止野生动物的破坏，9 月 18 日我们在气象站周围布设了围栏。

9 月 19 日

我们随地质地貌组在营地西面考察沙尘形态分布。其中有一金字塔形沙丘，形态很规则，三条沙脊的夹角刚好是 120°。沙丘的上半部为黄色的细沙，下半部为较粗的褐沙，"泾渭分明"。再往西行，一湖青水呈现在眼前。看样子应该是阿尔金山的降水流到此处，为沙漠拦截所形成。

在南营地北面约 1 千米处有一座看上去很高的沙山，这两天忙于安装 2 号气象站，一直没有时间去考察，今天下午刚好有空。所以我带上相机、水、GPS 定位仪和对讲机，准备一人登沙山，看沙山这么近，我估计在 1 小时内可返回，哪知这一走出去，用了 3 个半小时才回来。原来从营地沙山脚下，看似平坦，其实还有三道十多米深的水蚀壕沟，多数地方被流水切削得近似垂直，无法通过，只有从较缓处下去，再上去。近在咫尺的路程，竟用了 40 多分钟。到了沙山脚下，打开 GPS，记录了海拔高度，抬头寻找山峰，才发现我被从营地看到的假象迷惑了，原来这里还不是最高的沙山的山脚，要到达山峰，先必须翻过较低的沙山才行。既然已至此，只有前行。俗话说上山容易下山难，一登上沙山，发现这句话倒过来才合适。松软的沙山，上两步，退一步，没走几步鞋里都钻满了沙子，倒掉沙子，继续前进。看上去并不太高的沙山，耗费了我 1 个半小时的时间才到达山顶。打开 GPS 一算，这座沙山高 180 米。站在此处，居高临下，附近的地貌形态尽收眼底。向北望去，沙山总体向北略偏西方向伸去，沙山间的谷地上分布着与沙山垂直的沙垄。沙山上附着有与沙山平行或垂直的沙垄，似群蛇舞动。向东南方向看，又是另外一种景象。沙山形态如层层梯田。西南方向是 2 号气象站的位置，南面是北山了。下山回营地就容易多了，约 30 分钟就到达山脚下，刚好卢处长他们从西面考察回来，从远处看到有队员从山上下来，就过来接应了一下，这就免去我再次过壕沟。

9 月 20 日

鉴于西面的考察任务已完成，指挥部决定移营多坝沟，对库姆塔格沙漠东部进行考察。下午 16 时许，我们在距多坝沟乡约 10 千米处安营扎寨。营地南面是阿尔金山，山顶上积雪看样子终年不化，秋季依然白茫茫一片。营地北面就是多坝沟乡，村庄就在北山脚下。

9 月 21 日

我们沿多坝沟乡东面的一山沟向前行驶。据说这是一条多年前石油物探局修的可通往山北的路。沿着 10 多米宽的平坦的山沟，车行到 40 多分钟后，山沟变窄了，车辆无法前行，只能上山了，可是石油物探局修的路已被洪水冲坏了，队员们从车上取下铁锹，对冲坏的地方进行修补，车队继续前行。12 时终于到达山顶。山北与山南大不相同，流沙掩住了大部分山体。再向北行进地势变得较平，地表是松软的戈壁滩。

9月22日

　　计划考察西湖湿地后，返回敦煌。今天我们沿多坝沟乡西面的一山沟行驶。昨晚上打听到这是石油物探局开的另一条去山北的路。这条路比较陡，路面已被流沙掩埋，队员都下车，经过多次冲击，车辆才艰难的到达山顶。下山一看，与昨天的路重合了。两个多小时后进入了一片芦苇荡。原来这里地势低洼，流水汇集，形成了西湖湿地。走出西湖我们看到了好几座烽火台。烽火台用土块和芦苇相间建成，历经风雨，基本完好。它们建于何年，就不得而知了。烽火台东偏北方向的表层泥土已经剥蚀，而西偏南方向的表层泥土则基本完好，说明此地盛行东偏北风。从这里向北40～50千米就是魔鬼城了，那里盛行北偏东风，说明冷空气南下，在这里已开始转向西行。

04

烈日和风沙尘雨下的难忘日子

肖生春

理学博士、副研究员、硕士生导师。中国科学院寒区旱区环境
与工程研究所。主要从事干旱区及内陆河流域资源环境、树木
年轮学研究。多次深入巴丹吉林、腾格里和库姆塔格沙漠等地
进行考察。

科考前的准备

2007 年上半年，导师肖洪浪研究员——库姆塔格沙漠综合科学考察项目
领导小组副组长，就给我、老宋和另外一位师弟打过招呼，安排我们三人参加
此次科考，承担库姆塔格沙漠土壤、土地资源考察的任务。

沙漠考察，对我来说已经不是第一次了。今年 5 月份我就跟我所风沙地
貌专家董治宝老师在巴丹吉林沙漠里考察了近一个月时间，采了近 200 份水
样和 100 份植物样，以及上千份沙样。我是在腾格里沙漠边缘长大的，参加
工作后，一直在中国科学院兰州沙漠研究所（现在更名为中国科学院寒区旱
区环境与工程研究所）。沙漠、沙地，大大小小也走过好几个了。即便如此，
我还是有些兴奋，毕竟地球是千姿百态的。地理学科之所以昌盛不衰，是因
为其鲜明的地域特色。每一个沙漠都有其特色，库姆塔格也一样。它不仅以
紧邻大耳朵罗布泊而闻名中外；更以科学家彭加木的失踪与干尸"发现"而
一次次在国内掀起波澜；就风沙地貌学术界而言，则是以其在世界上独一无
二的羽毛状沙丘受到国内外众多科学家的高度关注。

因为科考队人数限制，我那位师弟未能成行，很是遗憾。

从兰州出发前，肖老师召集了包括我和老宋在内的所有门下弟子，作了一个专题讲座：库姆塔格沙漠基本概况及土壤考察任务，也算是科考前的任务下达。兼任行政职务的肖老师平时非常忙，以专题方式进行研究生教育是他带研究生的特点，这样的专题讲座方式有很强的针对性，可以让不同学科背景的研究生拓展各自的涉猎领域，同时可以从中体会和学到一些项目的学术思路、组织实施方式和技术路线等，奠定学生独立工作的能力。

明确了我们承担的科考内容和任务，我们收集了有关该地区地理、气候、植被、地貌等方面的书籍、文章和地图，以便考察中随时查阅。随后又准备了科考用的诸如 GPS、电子天平、环刀、剖面刀、样袋等仪器和工具，装箱打包，提前托运到了集结地——敦煌。

按照考察安排，我们于 9 月 7 日乘坐兰州到敦煌的火车，次日凌晨到达敦煌。这趟列车是今年 4 月份才开通的。敦煌火车站还正在建设之中，但站台却修得很是人性化：站台与车厢地面平齐，上下极为方便。出站口早已有先行到达的后勤保障人员接站，我们顺利到达敦煌大酒店登记、入住。

接下来的事情就是领取和检查野外装备、个人用品。项目领导小组考虑得非常细致周到，野外装备一应俱全，以至于好多队员都开玩笑说："早知道配发这么多东西，来的时候只穿个裤头就行了，哈哈哈……"

我和老宋都属于那种不太合乎大众标准体型的人，虽然换了最大号的185，但还是在关键部位感觉有些紧张。有人说，等考察结束，衣服就合体了。想想也是，我 2005 年在青藏高原野外采样两个月，体重减下来 11 斤，但愿这次也能。

战前动员与出征仪式

在敦煌集结的第二天，科考队卢指挥及聘请的几位老沙漠专家听取和讨论了各学科组考察计划，根据各学科组计划及专家意见，科考队对具体科考路线和日程安排，以及仪器架设地点都做了针对性的微调和统一。蔡指挥做了战前动员，向全体科考队员详细介绍了工作方案和日程安排，并成立了科考期间的临时党支部，体现了非常鲜明的中国科学特色。

9月10日，是科考队从敦煌出发的日子。

早晨我们紧张有序地将所有野外必备的装备、仪器放在了已经安排好的越野车上，整装出发，到了举行出征仪式的地点——敦煌广场。近二十辆越野车依次驶入广场，停放整齐。队员身着红色冲锋衣，列队便步进入主席台前。之前，敦煌市组织的学生鼓队、大妈大爷秧歌队和民间专业锣鼓队业已列队两旁，几位相关省、部、市县领导已经在主席台前就位，各新闻媒体记者也手拿肩扛着"大炮筒"严阵以待。仪式开始后，领导们相继致辞，强调了这次科考的重要性和伟大意义，表达了诸位到场和没有到场的各级领导对科考圆满成功的美好祝愿；随后进行了科考队授旗和宣誓仪式；最后由中国林业科学研究院张院长下达出发命令。随即，在锣鼓喧天、礼炮轰鸣的气氛中，队员们高举队旗迈着豪迈的步伐走向各自的科考座驾。在警笛嘶鸣的警车引导下，前后几千米长的科考车队以40千米的匀速驶出敦煌市，向一号大本营进发。

后来听说，出征仪式还上了中央电视台"一秒一亿"的新闻联播，真是轰动！

今天是星期一，来广场为此次科考壮行的学生娃们不知是否会找时间补上上午耽误掉的课程？希望他们能从半天的活动中感受到什么，学习到什么……

沙漠腹地考察的日子

9月10日

汽车走了3个多小时，途中经过西湖自然保护区和玉门关，到达了雅丹国家地质公园。在市领导的带领下，我们进入到雅丹国家地质公园。为了等后面的车，先到的车停在了公园接待处，队员们跳下车，抄起了"长枪短炮"，变化着各种姿势左右开弓、长点短打，将"猿人"、"唐僧取经"、"舰队"等雅丹地貌景观尽收卡中。

送君三百六十里（敦煌到雅丹180千米），终有一别。在雅丹观光公路的尽头，领导们和队员共进午餐后，象征性地为代表敬了一杯壮行酒，并与全体科考队员合影留念。在不十分依依的告别场面中，我们的越野车碾上了库姆塔格沙漠粗糙干燥的沙面。

阿拉善右旗旅行社的司机们，踏上沙漠，就开始亢奋起来，在广袤的沙漠里并驾齐驱，一路烟尘滚滚。唐朝玉门关的守将九泉若有知，一定会胆寒心惊的，长城的烽火此时恐怕已经快飞报到嘉峪关了吧！

在沙漠里狂奔了 2 个小时，前面的车停了下来，过了一阵集结了 6、7 辆车，后面有一半的车没有跟上。下车后，听前两年在这里先行考察过的王继和所长说，感觉方向不对，应该往西南方向插过去，才能到一号大本营。于是调整方向走了约半小时，翻过一个大沙丘，听见有人在对讲机里喊："看见大本营了"。群情亢奋！果然远远看见两顶草绿色帐篷矗立在一个干湖盆边缘的沙子上，周围人影绰绰。

大本营的人是前一天就先行到达的，他们用大卡车将生活物资、燃料和大型仪器设备提前运到了雅丹地质公园，然后用越野车分批转运。我们到达后，开始卸车，因为还有一大批物资等待转运。过了一阵，没有跟上的车也都陆续到达。原来他们车上的向导认为前面的车走错了，就没有跟上，而是自己确定了方位，赶到了这里。还有董老师他们，边赶路边采集沙样，所以落到了最后面。董老师是这次科考一队的队长，我所在的土壤组归他领导。他近几年也在库姆塔格沙漠考察过，知道大本营的位置，所以根本不会迷路的。

一号大本营设在一处叫梭梭沟的不知曾几何时形成的尾闾湖处，现已成为龟裂地，沟的源头在阿尔金山，沟呈南北走向，东西宽不足 500 米，有零星小片生长的柽柳这些柽柳灌丛下积沙，都形成了高度小于 1 米的灌丛沙包。由于气候严酷，生长量较小，沙包中的枯落物层很薄很少。我随便找了一个直径有 2～3 厘米的枯枝，用刀子削平了横截面，发现年轮极窄，粗略数了一下在 30 轮以上，说明此处的柽柳至少是三五十年前的某一次或几次大的洪水条件下定居的。

在龟裂地中央，有一个挖了大约 1 米的剖面，听王所长说，是他们前一年考察时留下的。水文组和地质组的队员到达后，立即对剖面开始又一轮加深加宽挖掘，希望能找到地下水或采集到更丰富的地质断面沉积信息。到了晚上剖面加深了 1 米多，但还是没有见到他们满怀希望的地下水，倒是地质组采集了几个不同的沉积层面。动物组的科学家们也拿着捕虫网在柽柳沙包上来回挥舞……

"拜过四方"（在大本营四周转了一圈，熟悉环境）后，我们开始搭帐篷，几个人相互协作着，研究了半天，终于将帐篷搭了起来。环顾四周，帐篷搭得真是太有特色了，有的在龟裂地上，有的在沙坡坡脚，有的在半坡，有的则直接搭在了沙丘顶上，有的人还在研究怎么搭，气垫怎么充气……

晚上所有人消耗了三大饭桶羊肉萝卜西葫芦面条，人人吃得肚圆意满，踱着步去参加了科考前指委员会召开的第一次野外工作会议，会后还看了一部露天电影。生活！

晚上 10 点，起风了，沙子打在帐篷上刷刷作响，并从气窗里灌了进来，飘进了口鼻。包住头继续睡，这样的夜晚在巴丹吉林遇到过很多次了，不新鲜。

9 月 11 日

早晨天还阴着。

今天计划到库姆塔格沙漠西南角去考察，路程较远，要在那里设临时营地住两个晚上，所以带足了三天的燃料、食物和水。

上午 11 点，我们到达了沙漠西缘的阿奇克谷地，天上竟然飘起大雨点来，风裹挟着沙粒上下翻飞，一阵车窗就模糊了。过了大约 1 个小时，雨停了。

沿着阿奇克谷地边缘，我们继续向西南前行，这时我做了一个大胆的决定，下到谷地去看看，组长老宋和新疆地理所岳健博士都没有反对。我请司机聂师傅找个合适的地方拐下去。下到谷地边上，我们下车看了一下谷地的土壤和植被情况，随后赶紧上车，追赶车队，以免队长担心。因为沙漠里若单车出现故障，是很危险的。追了半小时，远远看见大队人马也都下到了谷地，真是不谋而合，只是我们提前行动了。大家都分头在看自己感兴趣的东西，抓紧时间采样。我们也就地采了一个柽柳沙包结皮的土样。呵呵，第一个样品收入囊中！定位、编号、记录，各司其职，相互协作。随后挖了一个准剖面（没有采样），观测到这次小雨渗透了 1.5 厘米表层沙，下面 45 厘米还是干的，再下面就是 25 厘米湿沙层，再往下就是谷地河湖相沉积形成的盐碱土了。因为今天主要是赶路，所以走马观花，主要的工作将留到返回时再干。

队长开始招呼大家吃午饭了，我们也拍拍身上的沙子去热饭。午饭是海军单兵自热食品，配好的餐，有米有面，随各自喜好，丰简自取。这种食品就是在包装外面多了两袋发热的东西，加一点水，就会发生化学反应，产生热气，把袋装食品加热到能把手都烫起泡来的温度。吃进肚里，暖在心上，项目领导和筹备组想的和做的真是太周到了！当然这也是在享受科技进步带来的方便与实惠。然而在我们这些从事与环境有关的科考队员看来，这种食品也有缺点，那就是会产生大量的垃圾：包装盒 1 个、大小塑料袋 4 个、锡箔纸袋 3 个、泡沫塑料托盘 1 个、塑料叉勺两个，还有餐巾纸牙签袋等。越野车上空间有限，不可能带回营地和城市，我们只能采用焚烧填埋的方式集中处理了。

沙丘开始变得平缓，沙粒越来越粗，应该称为"砂砾"了。沿着一道砾石砂梁前行不多时，发现地面上有许多磨圆度非常好的直径大逾 1 米的漂砾，偶尔有几丛墨绿色的梭梭和酱紫色的柽柳，周围还有大量的枯枝，铺了厚厚一层，像是很久以前山洪冲下来的，因为这里已经到了阿尔金山的冲积扇上，距山脚的直线距离不过五六十千米。

又走了一段，来到一处平缓松软的戈壁面上，远远看见前面有一条沟。这就是今天的临时营地所在地——小泉沟。这条沟和附近的其他几条都最终通向阿奇克谷地和罗布泊。

在董老师的指挥下，我们卸下了要架设在这里的测风设备，开始挖坑。挖了六七十厘米深度，出现了盐磐层。哈哈！这不就是我们需要的典型地带性土壤剖面吗！肖老师不愧为干旱区土壤专家，在所里的那次专题讲座，特意强调了这个典型土壤类型。干！我、小张、老宋和董老师几个人轮流挥镐扬锹，凿穿了盐磐层，然后加宽加深剖面，修整采样面、划分层次、拍照、剖面测量、记录、采样、编号，有条不紊。等我们采完样，专管仪器安装调试的赵老师已经把风杯、风向标、太阳能板和数采仪（数据采集储存仪）连接、测试好了。大家一起七手八脚，像天桥舞中幡的一样，将仪器架挪到了坑中，标定方位，然后将用棉被包裹好的蓄电池和数采仪放在坑里，开始填土、固定 6 个方位的拉丝。OK！收工！在这个过程中，随队记者"名记王"也抓拍了很多工作照，进行了现场采访录像。

正如董老师说的，这叫"野外一把抓，回所再分家"。在野外不管哪个学科，承担什么任务，大家都要相互帮助、团结协作，保证完成每个人的每项任务；回所后再各自整理各自的材料。

此时，水文组、地质组的队员则下到沟里，研究小泉沟这个深达 20 米的天然剖面；其他组也不见了踪影。

回到临时营地，随队厨师已经为大家烧开了几大壶开水，泡了几包方便面，就着火腿肠和洋葱头吃了。

晚上，繁星满天。有些人围着篝火聊天、看星星；有些人在库姆塔格沙漠卫片前讨论着明天的行程计划；"名记王"正在灯下赶今天要发出去的稿件；摄影记者在整理白天的照片……

9 月 12 日

晴转多云，有风。

今天，几个组分为两拨，分别沿两个洪水沟（小泉沟和西面的红柳沟）向阿尔金山进发。

沿沟底行进，随着海拔逐渐从 900 米左右一直抬升到 1300 米，沟谷两侧开始出现刺沙蓬和白茎盐生草，到 1600 米以上，则出现大片的梭梭林。

车拐过一个弯，我惊呼一声"骆驼"。只看见一峰野骆驼迎面狂奔而来，所有的人都傻了，忘记了拿出相机拍照。等反应过来，野骆驼已经从车旁跑过。还好，野骆驼又被后面迎面而来的车挡住，怔怔地站在了边上，不知所措。趁这机会，大家噼噼啪啪一阵狂拍……

在一个泉眼处，大家停了下来。泉眼周围约十几平方米的地方郁郁葱葱、植被繁茂，周围还有大量的骆驼粪便，看来这是附近野骆驼的一个饮水点。水文组、植被组、动物组开始忙乎着采样、测量、记录。有的人也开始忙乎着洗脸、刷牙。几天没洗脸了，遇到这股泉水，岂能放过？呵呵，舒服！

在这个泉眼不远处还有一片水分条件比较好的地方，泉水没有出露，但生长着几十株直径在 50 厘米以下、高约 5、6 米的胡杨和几丛柽柳，以及各种茂密的草本植物。

又向前走了约半小时车程，车已无法通行，只见房子般大小的巨石相互堆叠，堵住了河道。大家弃车爬上高差 200 米的沟顶，果然是另一番景致。隐约可见皑皑白雪的阿尔金雪峰，覆沙石山上生长着很好的植被，有梭梭、红砂、麻黄、沙拐枣、骆驼蹄瓣和密密麻麻的草本幼苗（可能与近日几场降雨有关，这些草本就是荒漠植物中的短命或类短命植物，它们的一个生命轮回就是一场雨）。看了一下 GPS，这里的海拔已经接近 2000 米了。这就是肖老师所说的"沙子爬山"的景观带。

董老师带着小张到远处石山上的沙丘采沙样去了，渐渐成了两个小点，消失在了远处的灌丛中。我、老宋和林业所的王学全师兄，下到了乱石堆的前面，去采集岩洞下一滴一滴渗出的水样，等了半小时，才收集到 20 毫升。

下午 15 时左右，各组开始自行返回临时营地。因为是走“回头路”，所以也就没有了一起走的必要，顺着沟前三后四，各走各的。回来的路上，又碰见了那峰野骆驼，大概是受到太多惊吓，抑或是一天就见了这么多汽车，习以为常了，站在沟边不动。我们又下去来了几张快照，继续赶路。回来的路上，已经没有了刚去时候的兴致，除了司机师傅，我们三个都迷迷糊糊睡着了……突然感觉车停了，随后听见有人叫着：“狐狸！狐狸！”所有人都睡意顿消，四处张望。果然看见一只狐狸沿着沟坡向上奔跑，须臾爬上沟顶，不见了踪影。

索性我们下车办了一下“公事”，想着等等后面的车。好大一阵没有等到，沟边也没有一块阴凉地，待着也没甚意思，就又启程了。6:40，太阳还有一竿子高的时候，我们回到了临时营地，几个师傅正在修车。算上我们，只回来了 5 辆车。到红柳沟的那一队，一辆车都没有回来。

晚上还是方便面、火腿肠和洋葱头，还有饼子（昨天晚上也有，只是天黑了没发现）。拿出饼子一看，嚯！好家伙，黑毛已经长了老长！没敢吃！还是三包方便面。

有人说：“嗨！哥们，给咱找一个毛短一点的饼”，大家一阵哄笑。

晚上 8、9 点钟，天完全黑下来的光景，到红柳沟的那一队人马才拖着疲惫的身子回来了。大家赶紧往火堆里添柴火，烧开水、泡面。他们也遇到了一群 9 峰野骆驼，还有黄羊。

晚上，“名记王”及时报道了这两道沟和那处泉眼，还给两道沟起了新名字：K1、K2 大峡谷，K 就代表科考和库姆塔格沙漠。意义重大呵！

晚上刮了一夜风。

9 月 13 日

早晨还有风，天晴。

按计划返回一号大本营。

早晨还是方便面，陆续吃过早点，等把营完全拔起时，已是 9 点半了。

开始还是列队前行，后来有几辆陷车，落在了后面。再后来十几辆车分成了好几拨，各自奔向前天来时在路上记下的兴趣点。我们给董老师打了招呼，也向“打下点”（GPS 定位的口语）的阿奇克谷地单车驶去。

那是一片低洼平坦盐碱地，分布着稀疏的芦苇。到了谷地中间，找点、画框，挖剖面。三个人挖了一阵，才发现分兵时走得匆忙，竟然没有从后勤车上把午饭带上，只有前一天司机领的一份米饭单兵自热食品（他喜欢吃面食，所以就放在车上了），矿泉水也只是一人一瓶。有点担心。

后来想，后面的车应该会从谷地边上路过的，就让司机站在车上瞭望，拿着对讲机，只要看见其他车就呼救。等剖面挖好，开始采样，现场测定土壤水分含量的时候，司机说看见一道烟尘，可能是其他组的车。果然不一会，一辆车绕过沙丘出现了，我们激动地对着对讲机大喊：

"我们是 5 号车，你们车上有吃的吗？分给我们些。"

"我们 9 号，车上也没有吃的，OVER。"

好失望呀！

"抓紧干吧，干完赶回大本营！我们先走了，OVER。"

只好如此了！

三人加快了速度，1 小时后工作结束，冲出谷地，打着 GPS 向一号大本营方向疾驰。在沙漠上跑了半小时，看见一道沙梁上有几个黑点，断定那是大部队。激动、欢呼！到了近前，果然是大领导——卢指挥的车。还有苹果吃，太好了！一人接过一个，在衣服下襟上蹭蹭，狼吞虎咽起来。太舒服了，这几天就缺水果、维生素，嘴上都开始起泡了。

下午 16 时，终于回到了阔别三天的大本营。还有西瓜、啤酒，美！一通狂造！

歇了俩小时，又跟董老师在大本营北面 4 千米的地方架设了一台测风站，回来时太阳已经有一半掉到了地平线里。

晚上，在大本营留守的蔡指挥意外地开了个篝火晚会。后来才知道，今天是好几个队员的生日。领导的工作实在是太到位了。

晚会结束，又放了一场露天电影，是在撒哈拉沙漠发生的故事。都是有心人！

9 月 14 日

早点：小米稀饭、凉拌洋葱黄瓜、花卷。

用了大半天，跟着董老师踏查了包括复合型羽毛状沙丘在内的各种类型的沙丘区，学到了很多风沙地貌学知识。

又一次横穿沙漠到了阿奇克谷地，看了谷地中间的"八一井"。

这里已经是新疆的地界了。"八一井"旁边的简易房屋已经好久没人住了，井边的芦苇长得有一个半人高，还有几株榆树、柽柳，远处有一个大牌子：罗布泊野骆驼国家级自然保护区。这里的植被盖度很高，在 40% 以上，地上到处都是"草爬子"（一种嗜血的昆虫，常寄生在羊和骆驼身上，吸饱血能长到比大拇指还要大），可能闻到有活物气息，从四周包抄过来。大家赶紧拍照、采样，飞快离开。

下午回到大本营。营地多了个大家伙：一台轮式铲车。原来是地貌和地质组的科学家们想搞明白排列非常整齐的纵向沙垄下的下覆物到底是什么：沙丘沙？风化基岩？雅丹？这辆铲车走了两天才赶到的。令人沮丧的是，铲车能在沙面上行走，如果推沙丘，带上负荷根本无法工作。试了几次，都没有效果，董老师他们只能作罢了。

晚上又召集了一次野外工作会议，确定了先头拔营的一部分学科组，另外一部分队员还要在此工作 1 ~ 2 个工作日。跟老宋商量了，我们决定随队先期挪营。

一夜无话。

9 月 15 日

二号大本营在阿尔金山冲积扇和沙漠结合处，位于梭梭沟上游。从一号大本营到二号大本营的直线距离为 70 千米，但在上游洪水形成一个深约 5、6 米的峡谷，汽车无法通过，只能向西面沿着弓背型的路线迂回，因此整个路程就增加了 2 倍，成了 220 余千米。

在行进的途中，我们与两群共 18 峰野骆驼不期而遇。

出了沙漠，进入到阿尔金山冲积扇砾质戈壁，地表为盖度在 15% 的梭梭 + 红砂 + 合头草群落，地表深浅不等的沟壑纵横交错。这里是野骆驼、黄羊的重要栖息地。

车队迂回前行，速度在每小时二三十千米。下午 5 点，开始起风，刮起了沙尘暴。到达"马木利大阪"前，能见度只有 5 米。"马木利大阪"是队员们开玩笑，以阿克塞哈萨克向导马木利的名字给途中翻越的大红山一个山口起的名。过了大阪，是一马平川的三角滩戈壁，队员们也给了一个名字"马木利机场"。挺有意思！

到了原来打过点的二号营地，却没有人。这咋回事？先前，后面的车一直用对讲机向头车询问："还有多远？"

"快了，还有 2、3 千米"

"……"

"到了没有？"

"……"

已经没有回应了，因为头车也找不到营地了，跟前一天先期过来扎营的人联系不上，没法回答。

半小时的沉默。

后面的车只是跟着前面的车辙走着。沙尘暴还在继续，只是比过"马木利大阪"时弱了很多。

车队拐进了一道沟谷，在大家心里都最没底的时候，竟然到了营地。真是"山重水复疑无路，柳暗花明又一村"！大本营竟然扎在了一个方圆半平方千米的大洄水湾平地上，左右沙山耸立，还有河道下切后形成的雅丹样土崖。

大家相互协助，忙乎着扎好了各自的帐篷，帐篷边压上了厚厚的沙子，还把汽车挡在了上风口。

王所长他们则忙着把便携式气象站架在了沙山上。佩服！老先生真是敬业！

沙尘依旧在这个湾里回旋呼啸着。大帐里里外外落满了厚厚的尘土，做饭已然是不可能的事情了。厨师烧了一大锅开水，大家就着沙子吃了几包方便面。

午夜竟然下起了雨。

9 月 16 日

早晨雨停了，太阳很好。

赶紧爬到山顶上去拍照。雨后的沙山很漂亮，尤其在晨曦中，光影与不同湿度的沙面交错（因为沙丘不同部位的粒度机械组成有差别，所以含水量就不同，影像就有差异），就像一幅幅国画。

回到营地，早点：羊肉拌汤已经做好了，盛了满满一碗，站在大帐外面吸溜着。就听见几个人边吃边嚷嚷：

"昨晚的雨下了 4.6 毫米。"

"我们的雨量筒测的是 4.8 毫米。"

"……"

呵呵！知识分子的执拗。

后来，听他们说，昨晚一号大本营也是大风，把大帐篷都掀翻了，后半夜也下了雨。看来这场雨下的面积很大。

吃完饭，领导说这里不开阔，要挪营。

最后大营扎在了沙漠—戈壁交错带附近。确实很开阔，向南可以看见阿尔金山雪峰，向北可以一览库姆塔格沙山。

　　找了一片沙子比较厚的缓坡，铲掉了表面5厘米的湿沙层，我们开始扎各自的小帐篷。

　　收拾妥当，汽车也加好了油，带上了午饭和矿泉水，又泡了一大杯茶。跟组长老宋商量，今天翻过马木利大阪去冲积扇的砾石戈壁采样。

　　到了一处平地，老宋和岳健挖剖面，我一个人到周围采集一些灌木树轮样。正午时分，回来看他们挖的剖面。这里的冲洪积物巨厚，很难挖，将近1米的剖面上也没有什么层次。我们决定放弃这个点，先吃午饭，然后重新寻找合适的剖面。

　　返回到马木利大阪前，发现一洪水冲沟形成的天然剖面，真是"得来全不费工夫"！又是一阵忙乎：修剖面、分层次、采样、定位、记录、标记，齐活、收工。

　　看看时间尚早，于是和老宋在洪水沟里步行，四处看看。可能是最近几场小雨，有几个地方竟然汇集形成了积水坑，坑边还有骆驼和黄羊饮水留下的蹄印，偶尔还有小鸟在水中漫步……

　　老宋在沟边捡了一块白色片石，在上面用黑色记号笔写了字、画了箭头："大本营由此→"，立在了沟边上坡的地方，当做路标。估计再过几十年，有人

阿尔金山冲积扇缘的植被

捡到了就会成为文物，呵呵！

回营途中，在马木利机场又遇见一群 11 峰野骆驼，只是相距 2 ~ 3 千米，野骆驼就跑开了。

晚上是一锅夹生米饭、大烩菜。

按照计划一号大本营的人应该今天就到了。但是天已经很黑了，还是看不见踪影。卫星电话也联系不上，大多数人都在大帐前的灯下等着。到了 10 点半，好多人都已经钻进了帐篷。我觉着胃里有些顶，就拿着手电上到沙山顶上溜达，顺便想看看他们会不会来。董老师和屈建军老师他们也在那一队。

站在山顶向马木利大阪方向望去，一片漆黑。又向东南方向一看，有一片光若隐若现，定睛一看，确实是汽车灯光。看得见的时候，是车在上坡，灯光射向空中，等翻过山的时候，灯光向下，就看不见了。

我对着营地大喊："他们来了！他们来了！"。

听到我的喊声，大帐前的人都跑来了，两名司机将车开上了山顶，打开了大灯，一闪一闪，给一号营地来的车队指引方向。

又过了半小时，对讲机已经能联系上了。听他们说有一辆车抛锚了，蔡指挥赶紧安排了救援车前去接应，同时吩咐厨师烧水做饭。

晚上黑灯瞎火，沙路崎岖，等所有人回来已经是深夜 12 点了。简单地吃了些，赶紧搭帐篷休息了。

9 月 17 日

大风，沙尘。

早点：剩米饭加水做的稀饭，还有饼子。

计划从营地向西考察，并架设测风站。

沿冲积扇向西走了 4 个小时，因为冲沟很深，已无法通行，董老师找了一个戈壁平台准备架设测风站。就像在小泉沟头一样，我们如法炮制，既挖了剖面，又架设了测风站，两全其美。

在回来的路上，我们又测定了一个沙丘剖面上不同深度沙层含水量。

算上 9 月 15 日挪营的那一趟，马木利大阪和马木利机场来来回回已经走了 5 趟了。

9 月 18 日

晴。

随同董老师及综合组的老师到梭梭沟上段进行了考察。

在峡谷处发现沟壁上有出露一半的硅化木。后来"名记王"也到现场拍照、采访，及时地发到了新华网的本次科考系列报道中。

因为心里惦记着一件事，需要跟所里肖老师联系。在董老师他们一行三辆车向一座高大沙山冲刺前，我拎着水壶和一部对讲机一个人先行返回营地。从分手的地方可以看见营地，直线距离不过 3 千米，但走不远便到处是一二十米深的立崖深沟，绕来绕去竟然走了 1 个多小时才回到营地。

此时看见董老师他们也登上了沙山顶峰。用 GPS 测量的沙山相对高度是 196 米。

傍晚，来了一群不速之客：罗布泊野骆驼保护区管理局的一行，四辆越野车、十来个人。经过领导交涉、解释，"验明正身"，酒过三巡后都成了朋友。

9 月 19 日

晴。

按照计划安排，今天下午敦煌市领导要来营地慰问。

我们因为周围典型剖面都采过了，就到营地东南方向的山区，梭梭沟源头去考察。

后来因为司机师傅前一天晚上感冒了，吃了药有些犯困，没精神，我们走到山口就折回了。在离营地 4 ～ 5 千米的地方让司机停车休息，我和老宋在周围采植物样。后来，我转悠着已经离停车的地方有 1 千米多了，样也采的差不多了。此时已近正午，太阳很毒。没有带水，也没带对讲机，任我怎么大喊、打手势，都没有人听见、看见。

索性我就背着采样工具和样袋，向营地方向继续前进。看看 GPS 上的距离，也就 3 千米的样子。走！我下定决心，就当锻炼身体了。走了将近一个小时，车还是没有跟上来，不过已经能看见营地了。渴死我了！

就在这时，营地方向来了一辆车。起初我以为是执行其他任务的车，到了跟前，才发现是来接我的。太感谢了，哥们！坐到车上，打开一瓶矿泉水，一口气就干了，爽！

回到营地 1 个小时以后，我们的那辆车才回来。

下午，迎来了风尘仆仆的敦煌市副市长一行。他们是早晨 6 点就从敦煌出发的，赶了近 10 个小时的路。二位指挥盛情地邀请慰问团参观了在马木利机场由气象组新架设的数据卫星传输的永久自动气象站和科考队员昨天在马木利大阪附近发现的"小三峡"。晚餐当然是非常丰盛的：牛肉、羊肉、驴肉、肘子，乱七八糟塞了一肚子，还灌了一瓶"小二"（小瓶北京二锅头）。感谢敦煌市领导！

9月20日

晴。

又是拔营的日子。

在往阿克塞多坝沟拔营途中，我们跟水文、地貌、植被、地质组几辆车又拐到了另一条沟——马隆沟进行了考察。向导马木利说，那里有峡谷、小湖和雅丹。这里已经是阿尔金山山区了，车在山沟里走了3小时，到了向导所说的地方：三个半雅丹群和峡谷深处有一碗水的地方。水文组采了水样，原路返回向多坝沟进发。

出了山区，又到了冲积扇的砾质戈壁上。越野车在大石头上以每小时10千米的速度颠簸了2个多小时，终于踏上了连接甘肃阿克塞和新疆若羌的简易公路。

狂奔半小时，又看到了红旗招展的营地。

多坝沟营地设在多坝沟乡政府前面几千米的路边，清冽的阿尔金山雪水沿着路边的水泥渠奔流而下。先到的人已经洗漱完毕，洗过的衣服搭在帐篷上晾着，很惬意地坐在小马扎上整理着考察笔记、晒着夕阳。

把营扎在乡政府外面，为的就是不扰民。但是乡政府的领导代表全乡各族人民还是来慰问了。咱甘肃人民就是好！敬礼！

这里已经有手机信号了，大家都打开手机向家里报平安，跟单位联系看有无重要事情。我也接到通知，需要赶回所里。

逐级请示了队长和科考总指挥，董老师和卢、蔡二位总指挥对此事非常理解和支持，立刻批准了我的请求，并随后安排了一辆后勤机动车，明天送我回敦煌。

晚上，跟老宋交接了后面两天考察所剩不多的工作。

9月21日

晴。

早晨，收起了帐篷，打好了行装，吃过早点，同队友们挥手告别，坐车回了敦煌。就这样提前结束了库姆塔格沙漠科考。

他们在这里最后两天的工作结束后，也就拔营返回敦煌了。听说八月十五还要在月牙泉边开庆功会。

多亏"名记王"帮忙，劳烦他在敦煌的一位朋友提前订了晚上的火车票，顺顺当当回到了兰州。

考察回来后，手头需要处理的事情很多。接到提交科考手记的通知，一直没有要写的念头。多亏了近日来中国林业科学研究院王妍博士的几次催促、激励，此文才得以成行。

考察结束已经快 3 个月了，此时写出来好像是回忆录。零零散散、断断续续。也许以后再翻出来看看，也蛮有意思的！

前段时间，在网上又看到董老师在考察结束没几天，又同"重走中国西北角"的记者单车穿越了库姆塔格和罗布泊，甚是佩服！

感谢肖老师和项目为我提供了这次野外科考机会！

也感谢科考队诸位队友在这短短半月考察中给予的帮助！

这是一段让人难以忘怀地在烈日和风沙尘雨下的岁月！

05

"老沙漠"的新旅行

高志海

博士、研究员、硕士生导师。中国林业科学研究院资源信息研究所。先后在甘肃省治沙研究所和中国林业科学研究院从事荒漠化防治、监测与评价研究工作。

库姆塔格沙漠是我国八大沙漠和四大沙地中较少进行科学考察的沙漠，曾经是我国仅存的数量不多的科考处女地之一。经积极努力和争取，本人有幸成为我国首次库姆塔格沙漠综合科学考察队的一名队员，参加了 2007 年库姆塔格沙漠综合科学考察。毫无疑问，无论是从科考的感受，还是从科考的收获看，都有很多话要说，但又不知从何说起，干脆就选择最简单的叙述方式，透过整理科考中的每一天记录谈一些感受吧。

9 月 8 日

这一段时间一直在野外工作，先去内蒙古多伦调查，后又到甘肃民勤，历时半月，主要进行与遥感数据同步的野外沙化土地调查。应卢琦研究员的号召，在民勤的调查工作结束后，于 9 月 7 日直接从武威坐火车到敦煌集结，参加库姆塔格沙漠科考。9 月 8 日一早即到敦煌，郑庆钟等弟兄在车站接站，接站车都是先期准备好的野外考察车，所以一出站就闻到科考的气味。

全体队员下榻敦煌宾馆。负责后勤保障的甘肃省治沙研究所的丁峰等队员给大家分发了考察装备，从睡袋、帐篷、衣服、GPS 等必备品，到刀具、饭盒、笔记本、记录笔等小件物品，应有尽有，考虑得很周到，可以说装备精良。可见领导之重视和准备工作之充分，也可预见考察工作的艰苦性。

9月9日

今天上午开会，算是科考动员会，全体队员参加，杨根生和董光荣两位老先生作为科考顾问参加了会议。本次科考前线总指挥蔡登谷研究员做了动员讲话，主要强调领导的重视和任务的艰巨性，要讲团结，通过实践，体现创新队伍的风貌。拟定了科考纪律和科考应急方案，强调安全第一，"科考即使不出成果也不能在安全上出问题"，一定不能"丢人"，反映了新时期科考工作的新特点，也体现了以人为本。科考队前线副总指挥卢琦研究员和各位组长介绍了科考方案，想法和精神风貌都不错。大腕们都是有备而来，说明了对这次科考的期待。杨先生 70 年代搞测绘进过库姆塔格沙漠，对该沙漠有感性认识。两位老先生针对科考的意义和科考要解决的科学问题等谈了自己的认识。大家还讨论了一些具体问题，如气象站的位置、羽毛状沙丘的形态等。对羽毛状沙丘的形态构成有很大争议，卢副总指挥期待通过科考把该问题解决。实地看一看再说吧。

9月10日

今天早晨一起来心情就有些激动，因为今天就要正式进沙漠，还要举办隆重的出发仪式。

出发仪式在敦煌市府广场举行。市林业局的高局长请来了锣鼓队，也吸引了不少市民的围观，很是热闹，这可能是小城少有的隆重活动。全体队员整装乘车入场，很是气派。考察队员一进场就成为全场的焦点。感觉不太习惯这种场面，多少有点不自在。很多领导到场并讲话，期待科考成功，从一个侧面反映了领导和当地政府对科考工作寄予的厚望。

各级领导送科考队到敦煌雅丹国家地质公园的西端，大家一起吃饭并话别，张守攻院长与各队长和组长喝了壮行酒，很有点"壮士一去不复返"的意味，不由得心底里泛起一丝离舍之意。前边就没有路了，但相信鲁迅的话，走的人多了也便成了路。

之后，车队基本沿着平坦而广阔的丘间低地行进，虽然都是沙地，但并不难走，有队员笑称为"沙漠高速公路"。如果整个科考过程都走这样的路，那科考也就太容易了。下午3点40分左右，车队陆续到达一号大本营。大家忙着搬东西、支帐篷，野外生活刚开始，大家都感觉很新鲜。我和王所长去看营地东南的一小片柽柳，实际上只有几丛，但这是营地周围仅有的植被。

入夜，我和几名队员一起喝啤酒聊天。突然刮起了大风，由于没有经验，我的行装都放到了帐篷外面，支好的帐篷被大风刮翻，费了很大的劲才又重新撑起来。第一次在自己的小帐篷里睡觉，确实别有感受。

9 月 11 日

今天考察的目的地是沙漠西部的小泉沟。计划在小泉沟设临时营地，住两夜，13日返回。一早起来七八辆车就准备行装和给养。

车辆出发后向北，然后再向西行进。向北首先要翻越几个大沙梁，我的座驾率先出了问题。我和甘肃省治沙研究所的赵明研究员乘坐一辆白色沙漠王（比较老旧），司机是第二次进沙漠，缺少沙漠驾驶经验，基本是小心谨慎地跟着其他车走，就是这样，还是他第一个出了问题。过一个大沙梁时，前面的几辆车都顺利通过，但他上梁前就陷到沙子里，经几个人努力推，总算出来。紧接着其他几辆也不时陷车，但都无大碍。多数司机的驾驶技术很好，尤其是阿拉善来的几位，充分展示了他们的驾驶技术，不服不行。治沙所的张国中（司机）停车时，不时指点我的司机。他还算有悟性，总的感觉驾驶水平在逐步提高。这段路让人充分体会了沙路的惊险，特别是下沙丘时的失重感，有时甚至都不敢睁开眼睛，可见其不是一般的惊险。

翻过几道沙梁（羽毛状沙丘的羽管）后，基本沿沙漠北部边缘向西行进。沙漠边缘基本以粗砂组成的平坦沙地为主，还下了几滴雨，地表较硬实，车速很快。一路除形态各异的沙丘外，还看到不少库姆塔格独特的砾石堆，很是壮观。

晚上选择在小泉沟沟口的阶地上宿营。

9月12日

经几位队长、组长商议，今天的考察路线做了一些调整。王继和所长率4辆车去最西部的红柳沟考察，其他队员进小泉沟。本人所在的遥感组三人（还有吴波和张怀情）分成两组，我去红柳沟，他们两人去小泉沟。

红柳沟位于沙漠的最西端，估计距宿营地至少60～70千米。从宿营地出来行车几千米就出现问题：沙坡陡立，地形破碎，很难通过。向导老马很有经验，先过到前面探路，一辆、一辆地指挥着车辆终于顺利通过这一艰险路段。4辆越野车走了约30千米沙地后进入大片的戈壁滩，然后沿着红柳沟的沟谷向里深入，虽然路很难走，但比较顺利，沟两侧见到很多野骆驼的蹄印，说明这是野骆驼经常出没的地方。沟里的景观很壮观，沟两侧峭壁陡立，初步丈量最高达100多米，反映了该地区历史上洪水的频发。沿沟一直走到沙漠西南缘的阿尔金山山前，这里开始见到一些植被，主要是梭梭，也见到了从山上流下来的小股泉水。王所长的植被组进行了系统的样地测量，我也对主要的地貌和植被类型定了点，并做了较详细的记录。这时，进沙漠后第一次见到了期待的野骆驼，但距离很远，观察得很不过瘾。水文组严平和俄有浩继续前行，距离野骆驼较近，拍了几张好照片，我们看了都很兴奋。

向回走的路上仍然是一路走一路看，不时下车测量、拍照，走出沟口时已下午3点40分。车还没有穿过戈壁区，天已完全转黑，这时我的心里开始有些担心，因为还有几十千米的沙漠要走，我们只带了一天的食品和水，如果今天赶不回临时营地，后果将相当严重。我们决定根据来时的GPS轨迹沿原路返回。我的车领头，我的神情相当紧张，一丝都不敢偏离。一方面我们的司机个个都非常优秀，另一方面优良的装备保证了我们沿正确的路线前进，所有车辆竟然都没有发生陷车现象，终于在将近晚上11点时赶回了临时营地，营地的队员正在翘首等待着我们。

过后回想，这天晚上可能是我在本次考察中经历的最惊险过程。

9月13日

今天的目标是从小泉沟临时营地返回一号大本营。一大早撤营出发。沿途大家心情很好，不时停下来拍照、取样。我也取得了很多有代表性的沙样。库姆塔格沙漠的沙子与其他沙漠区别很大，粒径分选好，粒径分异特别明显，系统取样分析沙粒的机械组成变异同时测量光谱，可为准确的遥感制图提供依据。另外，也可为研究分析沙物质来源、判定沙漠形成年代提供借鉴。

一路顺利，下午2点多回到了一号大本营。

不同颜色和粒径的沙丘沙

9月14日

今天随大队在一号大本营北部地区考察，重点考察了羽毛状沙丘、砾石

堆和北部的阿奇克谷地。

羽毛状沙丘是库姆塔格沙漠独有的沙丘形态类型，主要分布于沙漠的北部，构成了库姆塔格沙漠一道独特的风景线，很是壮观。关于其形态和形成，科考队地貌组的屈建军、董治宝教授都有自己的认识和理论，但对该沙丘的形态描述大家存在极大的争议，重点是关于羽毛位置的争议。朱震达先生上世纪 80 年代依据航片资料在我国首次描述了羽毛状沙丘的存在，但限于当时的条件，他没有到实地看过。在野外，随大家看了众多典型的羽毛状沙丘，在我心里该沙丘的形态概念也慢慢变得清晰。由于研究方向的改变，这几年搞沙漠地貌工作很少，虽然不算外行，但还是没敢太多发表议论。自己考虑能否通过运用现代高分辨率立体成像技术帮助解决这一问题，回家和相关的同事们讨论后再定吧。

砾石堆在其他沙漠也很少见，其形态比人工塑造还要规整，有时让人怀疑是史前文化的遗存。围绕其形成的机理，众说纷纭，甚至有人认为是水生形成。但我有自己的认识：物质基础是水成的，地貌刻画肯定是风力作用的结果。

阿奇克谷地是该区域野生动物的乐园，茂密的植被不但为野生动物提供充足的食物，也成为野生动物的天然避难所，我们看到的大量驼印可以佐证。

一号营地北部地区也是沙粒粒径分异最好的地区。拉着赵明，驾驶沙漠摩托，选了一条典型线路取了大量沙样，定位、记录都比较完整，感觉很满意。

9 月 15 日

今天要组织迁营，大部分人马要从北部的一号大本营转移到沙漠南部的二号大本营，同时完成本次科考的标志性行动——沙漠南北大穿越。为实施今天的穿越，蔡总指挥事前已派人探路，想寻找一条最近的穿越路线，结果是走不通。昨天晚上，蔡总指挥、卢副总指挥和其他相关同志充分讨论了转移的路线。考虑到安全性，有人提出干脆绕道敦煌去二号大本营，这样无任何风险，能保证安全。但根据王所长、马木利向导等人的意见，最后决定还是实施穿越。根据从卫星影像上获得的地貌信息，最后选择了一条"C"字形的穿越路线，依靠 GPS 导航南北穿越库姆塔格大沙漠。

除少量人员留守一号大本营继续做未完成的工作外，一大早，科考队组织了 9 辆车 36 人浩浩荡荡地出发实施大穿越。车队先是向西行进，路极难走，基本是连绵不断的沙丘地，也亏了这群伟大的司机，否则只推车一项工作，我们也很难完成。到了一片开阔地后，通过把GPS记录位置数据和卫星影像进行对比，我们确定沿开阔地向南行进。路变得相对好走，最兴奋的是终于近距离见到了野骆驼群，驼群由7~8峰骆驼组成。为了拍摄到满意的驼群照片，我指挥我的司机开足马力疾驰，最终，我拍摄到了反映驼群的很多好照片，但也第一次感觉到照相机的档次较低，否则这些照片可能会成为反映野骆驼风貌的经典。

刚经历了抓拍野骆驼的兴奋，意外的事情又发生了。车辆正在前行，忽然车辆前部一声巨响，之后，挡风玻璃完全被雾气笼罩，什么都看不见。停车检查发现，水管爆裂，同时发动机下沉阻挡了风扇的运转，这也是导致水温升高、水管破裂的原因。我想这车肯定不能再走了。修理工简单检查后，把风扇周围的几个零部件卸下，然后用一根筷子沾一些胶水插入，封住了水管的破洞后，车子竟然又可以正常走了。看起来汽车修理工和钉鞋匠也可以有共同语言。

车子前行很快到了沙漠的南缘，这也标志着穿越的成功。这时车队开始沿着一条洪水沟向东行进，一路上见到了大面积的天然梭梭林，虽然林木比较稀疏，林相也不太好，但总算可以称为"林"了。根据向导老马的建议，为抄近路，车队向一个山口（马木利大阪，译为"马木利"山口，马木利是老马的姓名）进发。接近山口时，看到远处起了沙尘暴，到达山口时沙尘暴已经很强。下午近7点，我们到达了位于南部梭梭沟沟口的二号大本营。负责后勤保障的老郑和小丁已经前期到达并搭起了两个大帐篷。这时的天气已演变成强沙尘暴，为搭建个人小帐篷带来了困难。因风沙太大，做饭有问题，张大师煮了一锅鸡蛋，与方便面一块给大家充饥，这就是晚饭。很多人都在车上过夜，我犹豫再三还是选了一个避风的地方搭起自己的帐篷，确实需要好好睡一觉。

晚上，大风过后开始下雨，气象组测定约5毫米，这可能是库姆塔格沙漠中少有的现象，我们有幸碰上了，但晚上放到帐篷外的越野鞋全湿透了。

9月16日

现在的宿营地位于一条洪水沟内，大家一致认为不是作为大本营的理想之地。最后决定将二号大本营迁移到沟外。

一早拔营，向西走了近 10 千米，选了一个新址作为二号大本营。收拾好行李和必备用品，中午后与植被、水文等组的专家去考察阿尔金山山前的植被和水文状况。山前砾石堆积，路很难走，这是沙漠司机最头痛的道路。山前的植被主要由膜果麻黄、合头草、裸果木、梭梭等构成，密度较大，还碰到了几只黄羊（鹅喉羚）。一直沿梧桐沟走到泉水溢出点，看到了大量的胡杨。泉水的水量很小，未出山口就已见不到水流。

9 月 17 日

昨天晚上天色很晚才开始搭帐篷，没有很好地选择地点，加之昨夜风大，满帐篷都是沙子。说来也是搞风沙的老革命，怎么犯这样的错误！

二号大本营在沙漠外围，考察的安全性相对高。根据自己的考察目标，和赵明商量后决定与植被、水文等组专家考察大本营西部沙漠区的地貌和植被。原来乘坐的沙漠王等待零配件维修，改乘一辆阿拉善来的备用车考察。走了十几千米后停下来取样和照相，结束工作后，其他的车辆都已不见踪影，我们决定独立进沙漠考察沙漠地貌，虽然有一定风险，但也没有办法。

与北部的羽毛状沙丘形成鲜明对照，南部地区的沙漠地貌主要以格状和金字塔形沙丘为主，沙子的颜色也稍发红。拍了不少好照片。今天最大的收获是发现了两个沙漠小湖泊：一个较大，长约 40 米，宽约 15 米，呈肾形；另一个很小，形状像一个大铲子。湖面虽不大，但"沙湖共生"的自然奇景，使之称得上是沙漠胜景，这也是本次科考中发现的唯一沙漠湖泊。湖泊位于沙漠南缘的中东部，四面被流沙包围，是典型的季节性河流终端湖，有一个进水口，原来至少有 5 个小湖呈串珠状分布，但南面的三个湖都已干涸。湖边发现的多种鸟类和大量的驼蹄印，说明这两个湖泊是附近野生动物生存的重要水源。为了节约有限的饮用水，我们已一个多礼拜没有洗脸、刷牙，更谈不上洗澡。我们在简单量测了湖泊的面积、拍摄各角度的照片并为水文组取了水样后，一周来第一次洗了头、刷了牙和洗了脚，心中不由泛起一种奢侈的感觉。

9 月 18 日

获知昨天我们发现了沙漠湖泊，今天大多数队员都去考察两个小湖，而我们决定今天去考察梭梭沟和附近的沙漠地貌。

先驱车去了梭梭沟，只能进去几千米，车子就不能再走了。徒步又沿沟走了几里，在沟壁上发现了几处保存完好"硅化木"，同行的新华社甘肃分社王志恒记者看到后特别兴奋，拍了很多照片。硅化木的存在说明该区域洪积和冲积过程已经历了很长的时间，可能需要用地质年代计量。

随后，几辆车同行向南部地区最高的一个大沙山（位于梭梭沟的西部）进发。该沙山是典型的金字塔形沙丘，鹤立鸡群，在二号大本营就可瞭望其全貌。其他几辆车都开到了位于沙山一半高度的位置，屈教授和董教授等几人都很快顺利地爬到沙山顶部，而我的座驾刚到沙山的底部就走不动了。赵明望山兴叹，决定止步于此。而我决定无论如何也要爬到沙山顶，以达到不虚此行的目的。费了很大的劲，终于爬到山顶，虽然气喘吁吁，但一览众山小的感觉，还是让人从心底里感觉爽快。特别是立于山顶，周围区域分布的格状沙丘都一目了然，有利于了解这些沙丘的分布情况。另外，沿途也取了 5 个珍贵的沙样。

回到营地后准确核对 GPS 记录，该沙山的海拔高度为 1657 米，与二号大本营的高差为 184 米。

9 月 19 日

今天是围绕二号大本营科考的最后一天，赵明研究员、杨文斌研究员我们几人商量后决定今天去梭梭沟东部的流沙区考察。

梭梭沟及其东部地区沙漠有一个显著特点是，除大量分布的普通黄色沙粒组成的沙丘外，还分布有大量灰色沙粒组成的沙丘，该类沙丘主要分布于沙漠最南缘和沟岸地区，通常两类沙丘明显分界，灰色沙丘的沙粒略粗。初步分析颜色的分异可能与沙物质来源或形成年代有关。

今天还爬了沙漠南缘的另一个高大沙丘。该沙丘位于从南部沟岸到沙漠

的 6 条可见沙带的第 3 条沙带上，沙丘呈不规则的新月形，四周分布多为格状沙丘。经 GPS 测量，海拔高度为 1689 米，比昨天攀登的高大沙丘还高 32 米，与二号大本营的高差为 216 米。可能是由于沙丘形态和基础海拔的差异，感觉上昨天攀登的高大沙丘比今天的沙丘不但海拔高，而且更雄伟。

9 月 20 日

今天全队实施本次考察的第二次也是最后一次转营，全体队员从二号大本营转到位于沙漠东部边缘的多坝沟大本营（属甘肃省阿克塞哈萨克自治县）。

上午 10 点拔营后全队出发，沿沙漠南部一道东西向山脉的南部山脚下的洪水沟一直东行，走了几十千米后上了一条南北的沙石战备公路，转为向北行进。十多天走沙漠，上了沙石路也觉得像高速公路，顿时感觉不太一样。约下午 1 点，到达多坝沟大本营，全体队员共同的感觉是又回到了文明社会。该营地距多坝沟村约 6 ~ 7 千米，在我们到达的十几天前建成了中国移动通讯信号接收塔，开始提供移动通讯服务。一到达，很多队员都忙着打电话。另外，营地紧邻一条水渠，我们也终于可以洗脸、洗碗啦。

除个别队员去多坝沟考察外，下午多数队员修整。我和几位队员搭好帐篷、洗过脸后，马上开车去了多坝沟村，期待能发现一家饭馆改善一顿。但绕了一大圈也没有发现，与当地人核实后确实没有，顿时倍感失望，只好回营地继续享受吃了十几天的海军食品。还好，当地乡政府慰问科考队送来两只羊，生活还是得到了极大的改善。

9 月 21 日

今天的考察任务较重，计划考察崔木土沟和多坝沟两个地方。

首先去较远的崔木土沟。沿着崎岖的砾石戈壁，走了约两个多小时后正式进入沟里。首先映入眼帘的是胡杨林，树高 10 多米，林密，生长状态也很好；清澈的流水和茂密的芦苇也给人留下深刻的印象。我和文斌重点考察了沟两侧的爬坡沙丘和雅丹地貌。快回到营地时，司机告诉我们"车辆的刹车早就失灵，怕你们担心，一直没有告诉你们"。我们几个人都觉得有点后怕。

稍事休息后，我们换了一辆备用车去多坝沟。去沟里没有路，车子基本在沟道的水里走。两岸的景观很漂亮，河岸植被比较密，主要是胡杨、怪柳，也有部分人工营造的新疆杨等，但其背后即是陡峭的山崖和广泛分布的爬坡沙丘。走了几千米后，车子不能再走了，因为前面不远即是一个瀑布。我们下车步行。我跟着老马去瀑布背后考察。我的目的是采集该区磨圆和分选很差的沙样。路上，完成一个沙样的采样后，老马就不知去向，我带着相机继续向背后的河谷地行进。沟深至少50多米，为观察沟里的植被、地貌情况和采集沙样，前后上下了两次，感觉实在比较累，也没有带很多水，工作完成后就赶快返回，就这样回到大本营已经晚上7点多。吃饭时获知，严平等几人返回更晚，车子也陷到泥里了。

9 月 22 日

经12天的野外工作，科考队已圆满完成了全部的科考任务。两位总指挥决定今天返回敦煌。很多学科组选择绕道敦煌西湖湿地自然保护区考察后再回敦煌。本来我也决定去西湖，因我乘坐的沙漠王没有刹车，就一直等一辆备用车，但该车去多坝沟拖昨天陷进去的车辆，长时间未回。最后我、赵明和随队的陈医生决定乘我们自己的无刹车车辆回敦煌。刹车不管用，车子的颠簸可以想象。总算到了阿克塞县城，司机还准备就这样开回敦煌。但我们实在是担心，硬是让司机去了一趟修理厂。简单修理后，终于前轮有了刹车，担心也至少减少了一半。阿克塞县的领导招待了科考队全体队员后，我们继续向敦煌行驶。一到敦煌七里镇，市林业局直接将我们迎接到一个洗浴中心，让大家好好洗个澡。

至此，科考野外工作历时13天就全部结束。科考期间，61名科考队员的敬业精神和吃苦耐劳精神给我留下了深刻的印象，也表现出了新时代背景下成长起来的新一代科学家积极向上的风貌，这也是我国沙漠科学的希望所在。

06

初入沙漠，寻觅动物踪迹

张于光

博士、副研究员、硕士生导师。中国林业科学研究院森林生态
环境与保护研究所。主要从事生物多样性保护和自然保护区管
理研究工作。

9月9日

　　首次库姆塔格沙漠综合考察的出发地定在甘肃省的敦煌市，这里离库姆
塔格沙漠的入口180千米，是最理想的出发点。中国林业科学研究院一行12
人于9月8日从北京出发，乘坐早上7点30分的CA1287航班前往敦煌。我
们到达敦煌之前，考察队的指挥部和后勤工作的同志已经先期抵达，他们到机
场接我们在敦煌宾馆住下。敦煌市位于甘肃省西北部，隶属甘肃省酒泉市管
辖，全市总面积3.12万平方千米，其中绿洲面积1400平方千米，仅占总面积
的4.5%。敦煌市被沙漠戈壁包围，故有"戈壁绿洲"之称，也就是人们常说
的沙漠绿洲。在飞机降落的时候我们就已经看到，机场的周围就是茫茫石山和
沙地，我的心里就在想，这里的环境肯定会很艰苦。敦煌市总人口18万，其
中农业人口9.3万，总人口中汉族占绝大多数，回、蒙、藏、维吾尔、苗、满、
土家、哈萨克、东乡、裕固等10个少数民族仅占总人口的1.06%。敦煌因曾
经的辉煌和博大精深的文化内涵而闻名于世。其中莫高窟于1961年被国务院
首批列为全国重点文物保护单位，1987年被联合国教科文组织列入世界文化

遗产保护项目，并于 1991 年授予"世界文化遗产"证书。

8 日和 9 日，参加综合科学考察的科研人员、记者（新华社和国家地理杂志社）、向导、随行医生、后勤人员和车辆等陆续抵达。其中参加此次科考的车队主要由内蒙古阿拉善右旗沙漠珠峰旅行社和甘肃省治沙漠所等单位的车辆组成，都是一些有着丰富沙漠开车经验的师傅。车队共准备了 18 辆车，包括 15 辆越野车、2 辆客货车和 1 辆大货车。

此次科考的科研人员由 9 个不同的学科组组成，包括地貌组、地质组、土壤组、气候组、水文组、动物组、植物组、测绘组和综合组。动物组是由中国林业科学研究院森林生态环境与保护研究所负责，李迪强老师任组长，杨海龙和我是组员。我们于 8 日到达敦煌后，整理了行装，购买了一些生活用品及动物采集和保存所需要的试剂等，包括杀虫剂和酒精等。从 10 日开始，全体考察人员都将是风餐露宿，所以科考队统一为每位队员配备了野外生活的装备，大到野外帐篷，小到吃饭的餐具，光这些行李就整理了整整一个下午，装了满满的一大包。

考察出发的前晚，科考的总指挥、中国林业科学研究院的张守攻院长在敦煌宾馆设宴为科考队践行。宴会由科考活动的前线总指挥蔡登谷院长主持，参加践行的领导包括国家科技部、国家林业局、甘肃省林业厅和敦煌市等部门的领导。对此次沙漠考察，我好像没有一点危险的感觉，有的只是对沙漠的神秘和变幻莫测充满好奇，还真想考察中能够碰上最恶劣的天气，好感受一下大自然的魔力。当然，真正遇上的时候，可能就会麻烦了。践行宴会在晚上 8 点多结束了，大家就分头回房间准备去了。最后检查了一遍行李。然后给家里打个电话报平安，沙漠里是无人区，接下来的 10 多天手机都会没有信号，基本上无法与外界联系。虽然科考队准备了几台卫星电话，但那都是只能在紧急情况下才能使用的。

9 月 10 日

今天是进入沙漠的第一天。

早上醒来的时候，已经有点晚了，李老师告诉我们该吃完早餐了。我和海龙赶紧洗漱了一下，就冲往餐厅，吃完早餐，已经到了 8 点多。根据指挥部

的安排，我们将于 8 点 40 分整装出发，9 点整在敦煌市政府广场举行出发仪式。我们就赶紧把行李装车，动物组是安排在 13 号车。行李装车以后，车队徐徐开往市政府广场。出发仪式由考察的前线总指挥蔡登谷院长主持，参加的领导大都是出席晚宴的领导们。在雄壮的国歌和运动员进行曲中，张守攻院长为科考队授予了国旗和队旗。车队在礼炮和锣鼓声中出发了，这时已经是上午的 10 点了。

车队一直往西行进，一路上经过了玉门关、阳关，在这 2 个地方，车队做了稍许停留。其实现在的玉门关和阳关都只留下一下简单的土堆了，全然没有人们想象中的那么雄伟壮观。大概在下午 1 点的时候到达了雅丹国家地质公园，这里离敦煌市区大概是 180 千米，已经临近沙漠入口了。在沙漠的入口处，我们进行了午餐。午餐吃的是海军单兵自热食品。因为是第一次食用这种食品，我们以为凉的也可以吃，还没有到达使用说明上要求热的时间就打开了，结果吃到的还是夹生的米饭。

下午 2 点的时候，车队开始进入沙漠了。由于是第一次真正地进入沙漠，所以很是兴奋。沙漠中没有路，可以随意驾驶。带队车辆的师傅来过这里好几次，比较熟悉行走线路。所以一路上都很好走，车速达到了 80 千米以上，都说这是沙漠高速公路。可惜好景不长，进入沙漠大概半小时后就出现了问题，11 号车爆胎了。我们的车停下来给他们帮忙。他们的车都有备胎，而且自己车上都备有补胎工具，所以没有多长时间就补好了。车修好出发不到 1 千米，又出现问题了，压队的 4 号车变速箱打坏了。因为还有另外的车辆在等着他们，所以我们就跟大部队先走了。

大概下午 4 点多的时候，我们到了一个低洼地，中间是干旱后留下的淤泥硬块，三面都有沙丘，另一面有一些稀疏的植被。后勤人员说这里就是一号营地（北营地）了，果然在一侧山坡下已经有先期到达的后勤人员搭建的 2 个大帐篷了。车辆停好后，我们赶快把行李卸了车，因为所有的越野车还需要出去拉一趟生活用品。我们学着搭起了帐篷，收拾了行李，然后就在附近开始了工作，发现了野骆驼粪便、蜥蜴、鸟和昆虫等，看来这里的动物种类和数量还不少。

9 月 11 日

　　大概早上 6 点 40 的时候起床了。沙漠的日出特别的漂亮，这里的天空没有任何的污染，所以可以非常清楚地看到太阳从地平线上升起来。起床的时候，睡袋上面有了一层薄薄的细沙。起来以后就是收拾行李、早餐和装车。因为，昨天我们已经对营地的周围有了一些调查，在营地附近有一片稀疏的沙拐枣和红柳林地，这里在很多年前应该是个河谷的谷底，现在可以看到明显干枯的淤泥沉积物，植被就是在沉积物上长出来的，尽管已经相当干枯，但它们仍然在顽强地生活。

　　今天我们将深入沙漠腹地，并且要在那里临时住宿 2 天。大概 9 点钟的时候，我们的车队出发了。除了指挥部和部分后勤的同志外，其他人员都跟随大部队前往临时营地。根据向导的估测，到达临时营地有 250 千米左右，可能需要一整天的时间。

　　今天才算是真正的见识沙漠。一路上充满新鲜的感觉，爬越沙山踏过干涸河床，不时从车队发出惊叫声。大多数人是首次来到这里，都感觉很兴奋，也很刺激。虽然陷车的事情时有发生，还好一路上有惊无险。天上突然下雨了，这在沙漠中可能是罕见的，对于沙漠来说，非常难得，而对于我们来说，可能就会增加发生一些意外的情况，大家都有些不安。快到中午 12 点的时候，起风了，这可能是沙尘暴的前兆。突然之间，狂风大作，好像快把人吹起来了。地面上的浮沙随风而起，空气中充满了沙土的气息，地表面可以明显地看到一层沙雾在飞扬。

　　下午 1 点的时候，车队停下来吃午餐了。天上还在下着雨，风也没有要停的意思，感觉天气有点凉了。其实，从我内心里想还真希望能遇上沙漠最恶劣的天气，感受一些大自然的魔力也不见得是一件坏事。中午吃的仍然是海军单兵食品，由于昨天中午吃得急，没有把握好热饭的时间，饭没有热好，所以今天中午就吸取教训把饭热好了。

　　午饭后，车队在走走停停中继续前进。一路上，不断有陷车发生，其中 7 号车和 12 号车陷得最厉害。随着时间的推移，风也慢慢的小下来了，这次算是沙漠给我们这支科考队伍的小小见面礼吧。下午 5 点左右，终于到达了宿营地。这里其实还是一片沙漠地，而且地势并不好，旁边就是一个大沟谷，应该是被多年的洪水冲击而成的。从断面上看，可以看到明显的层次：石砾层夹着沙层，依次有好几层。选择在这扎营的原因有两个：一是第二天大部队需要分为两个小组行动，这里刚好是行动的分支点；二是这里可以找到很多的柴火，这样就可以烧水做饭了。

车停好以后，大家就分头找柴火了。柴火真的很多，这些柴火都是枯死的红柳树，一会就找到了一大堆，拉了满满的一车，足够我们这几天用了。然后就开始烧水泡面，晚餐就是康师傅方便面，不限量。其实每人也就最多吃两包，这个东西吃多了不好受。吃完了，我们几个聚在一起聊了会，晚上10点的时候，就开始休息了。

这一天过得真是很快，跑了大概260千米，收集了一些昆虫标本、2种植物（红柳和麻黄）、3个粪便样品。但是要看到野骆驼可能会很难，听甘肃省治沙所王继和所长他们说，上午看到了一群，但是离得太远，不能确定。

9 月 12 日

今天是进入沙漠的第3天。

早上7点起床，晚上睡得很香，只是感觉有一点点凉，不过幸好有鸭绒睡袋。起来之后，用湿纸巾擦擦脸就开始吃饭了，因为沙漠没有水，所以不允许洗脸和刷牙，就更不用说洗澡了。在整个考察期间可能都无法洗澡了，不知道10天后会是什么样的感觉。早餐是馍馍加方便面，比较难吃。

大概8点30开始出发，今天的目的地是一个叫小泉沟的地方，据说这里可能会看到泉水，小泉沟的地名也由此而来。今天总共分为两个小组行动，我们这组是7辆车，另一组的3辆车已经出发了，目的地是一个叫红柳沟的地方。我们在沙漠里穿行了大概10千米，就下到了一个沟谷里，沿着河床一直往上走，这就是小泉沟了。但是要看到泉水，可能还有很长的一段距离。一路上，看到了一些鸟，估计有3～4个物种，但是都不知道叫什么。沿着河床往上走了不到1小时，令人兴奋的事情终于发生了，我们车上的师傅说前方有一只狐狸，我们顺着师傅指的方向一看，果然有一只黄色的东西在前方奔跑。给我们开车的师傅是个蒙古族人，叫那日苏，少数民族都没有姓的，只有名字。那日苏是个年轻的小伙子，他是内蒙古"珠峰沙漠"跑旅游的，有非常丰富的沙漠开车经验。"珠峰沙漠"的真名是巴丹吉林沙漠，从沿边到腹地，巴丹吉林沙漠星罗棋布地分布着大小113个湖泊，湖泊大小不等，咸淡各异，最大的周长有 20 千米。巴丹吉林沙漠海拔高度达 1100 ～ 1600 米，最高沙山相对高度 500 余米，号称"沙漠珠穆朗玛峰"。由于沙漠的路很好跑，一马平川，想往什么路上走就可以走，不过得非常小心，因为到处都有陷阱，一不小心就会陷车，一路上时有陷车的事情发生。但是我们的车还没有陷过，这就需要师傅有着丰富的沙漠经验，那日苏就是个很不错的车手。

看到动物了，大家都很高兴。那日苏把他的北京吉普车开足了马力，一路狂追。因为是在河谷底上跑，车的速度快不起来。河沟里到处是大石头，可见以前这里应该是河水很大。同行的南京大学鹿化煜老师说，这里的水应该是阿尔金山流下来的，这里离阿尔金山已经很近了，大概不到 100 千米的路程。车追了大约 2 千米，狐狸就往山坡上跑了。没有办法，我们只好把车停下来，赶快照相。因为车追赶的过程中，无法对焦，所以没有办法拍好照。狐狸的狡猾是一点不假，转眼之间，就消失在山的那一边了。幸好我们还是拍摄到了几张清晰的照片。

继续往前走了几千米，突然那日苏师傅说前方有野骆驼。顺着师傅手指的方向，果然有 1 头双峰野骆驼在前方奔跑，我们的车就沿着骆驼奔跑的方向追了过去。骆驼的奔跑速度并不快，时速大约在 30 ～ 40 千米。河谷底的两边都是悬崖，野骆驼只能沿着河谷往前跑。那日苏师傅说，要是在沙地上，早就追上了。我们追了有几千米，就赶上野骆驼了。骆驼离我们很近，看得很清楚，野骆驼其实和家骆驼长得很相似，个体大小、毛色等都没有明显的差别。一路上，我们就跟在野骆驼的后面跑，跟了一会野骆驼就明显地感觉累了，速度也慢了下来。其实，我们并不是想要继续追野骆驼，因为这里只有一条路，我们要到小泉沟的尽头，这是我们的必经之路。而野骆驼好像也跟我们耗上了，也是一个劲地沿着河谷底往前面跑。我们停下来，它也停下来，我们走它也走。就这么走走停停的往前行。那日苏师傅开玩笑说，这个野骆驼真是傻。

沿着河沟一直往前，我们终于见到渴望已久的泉水了。其实这里只是一个很小的山泉水，流出来的水也就在河谷底上流了几十米就消失了。水是从山上的一个石崖上流出来的。水流出来的地方长满了植物，主要是芦苇。泉水的附近到处可以见到野骆驼和羊的粪便，还可以见到一些蝴蝶、蜻蜓和苍蝇。由此可见，水是生命之源，有水的地方，一定就会有生命。根据南京大学的鹿教授解释，这里的水应该是从阿尔金山流过来的，由于地质构造的原因，水流到这一石砾层后无法继续往下渗，就沿着这一石砾层流了出来。大家都很高兴，虽然进入沙漠才是第 3 天，也算是真正体会了"久旱逢甘露"的滋味，有的捧着水尝了尝味道，有的洗了洗脸、有的刷牙，大家都聚在这里兴奋地讨论着，并在这里吃了午餐。

大约到了下午 2 点，我们开始出发了。一路上还看到了一处植物地，这里主要也是芦苇，还有几棵胡杨树。我们沿着胡杨树爬上了山顶。山顶上长了稀疏的梭梭林，随处可见野骆驼的粪便，所以这里可能是野骆驼的天堂。我们在这里收集了大量的较新鲜的野骆驼粪便，将利用分子粪便学和"3S"技术，研究野骆驼的食性、生境、种群结构和基因交流等，为野骆驼的有效保护提供科学依据。

在离营地大概 90 千米的地方，我们终于走到了小泉沟的尽头。其实这里的泉水还没有我们第一次见到的泉水大，这里只是一个很小的水坑而已。水很浑浊，可能刚刚有动物到这里来过。

返回到营地的时候已经是下午 6 点多了。跑了一天的车，大家都感觉有些累了，但是都很兴奋，因为今天的收获不小，不仅见到了野骆驼、狐狸、鸟，而且见到了久违的水。我们几个又在一起聊了起来，那日苏介绍了他们那里的一些情况，大家都对他们那里的沙漠充满了兴趣。晚饭是方便面加鸡蛋。吃完饭，我们几个在一起玩牌，由于没有电，就把手电架在照相机的三脚架上当灯光，大家都开玩笑说总算没有白带这些设备了。我和张怀清博士一组，李老师和海龙一组。可能海龙玩"炒地皮"的技术比较差，所以我和张博士一路飙升。天气越来越冷了，我们几个都把羽绒服穿上了，但都还是光着脚丫在沙地里。大概在 12 点的时候，炒地皮在我们这组的胜利中结束，然后就各自休息了。

9 月 13 日

今天是进入沙漠的第 4 天。

今天的计划是从临时营地返回一号营地。我们 13 号车和 2 号、7 号、10 号车一组先行出发，计划沿途再做一些动植物和水文等方面的调查。出发没有多久，2 号车就陷车了，而且情况十分危险，车已经呈 75° 的角斜陷在一个沙坡上，稍有不慎就可能发生翻车。所有的车都赶过去救援，还是人多力量大，大家一起总算把车给推了出来。

一路上大家都做了一些调查工作，大概 5 点的时候，我们的车就回到了一号营地，另外一个车队已经回来有 2 小时了。

今天是李老师的生日，指挥部组织大家一起为几位将在考察期间过生日的队友举行了生日篝火晚会，并用电脑和投影仪放了进入沙漠以来的首场电影，以示庆祝。由于李老师还有一些其他工作等着他做，第二天早上5点多，他就要坐指挥部的后勤运输车去敦煌了。电影结束以后，李老师给我和海龙交代了一些工作内容和工作方案。

9 月 14 日

今天是以一号大本营为中心开展一些工作。

我们组和测绘组的7号车的目的是继续调查一些植被并收集昆虫标本。今天的行驶路程应该是进入沙漠以来最远的一天了，可能超过了400千米。我们的第一个目的地是八一泉，顾名思义，这里就有泉水了，而且，在八一泉我们还见到了一个保护区设立的标牌，标牌的内容是"罗布泊野骆驼国家级自然保护区生态恢复项目"，是由保护区管理中心和西气东输管道公司共同建立的，由此可见，西气东输一定经过这里。

中午的时候，明显感觉到了天气的炎热，由于前几天气温比较低，还没有体会到沙漠的炎热，今天算是有所体会了。沙漠的温差很大，太阳出来以后，温度迅速升高，最高的时候，可以在沙地里煮熟鸡蛋。而太阳下山以后，温度又会迅速下降，可以降到0℃以下，一天的温差可能会在30℃以上。所以，在6～8月份是绝对不能进入沙漠的，常人是无法忍受炎热的天气的。今天的太阳就明显的给人感觉到沙漠太阳的毒辣。

晚上8点多的时候，我们的车终于回到了一号大本营。因为7号车是个牛头（丰田陆地巡洋舰），车重，比较容易陷车，所以耽误了一些时间。吃饭的时候天已经完全黑下来了，这些天晚上都是吃的手擀面条，因为考察队里很多人是甘肃的，他们都喜欢吃面食。所谓的面实际上就是一些大杂烩，有羊肉、土豆、洋葱，还有早餐剩下来的一些小米粥。在这样特殊的条件下，只要是能不吃方便面，吃什么都觉得特别香。只是害苦了海龙了，海龙是个素食主义者，面里有一些羊肉，实际上是一些肉末，很难挑出几块来，又没有灯光，只有一个手电筒，他找了一会就开始吃了，也不知道他吃到羊肉是什么味道，不过感觉他好像没有反应，还吃得很香。哈哈。

9 月 15 日

今天的任务是从一号营地转移到二号营地。根据昨天探路的后勤同志介绍，路不好走，可能会遇到危险。因为，今天需要穿过沙漠腹地，需要爬越很多沙丘，而且地势比较险峻，需要大家有思想准备。早上 9 点的时候，车队开始出发了，因为地质组和地貌组还有一些工作没有做完，他们还需要继续留下来工作 1 天，其余所有的组都转移到二号营地，包括指挥部和后勤人员。总共有 9 辆车转移，一路上翻山越岭，倒是有惊无险。陷车的事情还是时有发生，2 号车就连续陷了 2 次，3 号车陷了 4 次。我们车还算好，坐在车上感觉很刺激，像沙漠冲浪。多亏有那日苏这个好师傅，我们的车一路上都没有发生什么意外情况。

中午 12 点半的时候，大家开始吃中餐。这些天，我们的中餐都是海军单兵食品，这种食品有米饭、也有面条，在食品袋中加一些矿泉水，就可以迅速制热。虽然比不上在家里吃得好，但是野外工作能吃上这样的食品应该算是很不错了。据说这种食品价格很贵，一盒要 50 元，而且食品的保质期有 2 年半，所以可能加了很多防腐剂，吃多也会难受。

中餐以后，车队继续前进。这时候，天气发生了一些变化，天空多了一些黑云，风也渐渐的大起来了。"前方有野骆驼"，对讲机里传来了前方车队的欢叫声。我们顺着前方一看，果然在前方的沙丘坡上有一群野骆驼在不急不慢地爬越沙丘，总共有 7 峰，可惜离我们比较远。我打开相机迅速拍了几张照片，等我们的车想继续开近一些的时候，野骆驼已经爬到山顶上了，转眼之间就消失在我们的视线中了。

车队继续前进，我们又见到了 2 群野骆驼，1 群为 3 峰，另一群有 8 峰，其中 4 峰是小的。见到的 3 群野骆驼间隔较近，大概在 2 千米左右。一路上只见到很少的植被，我叫不上名，多数地方无植被。这类植物的生命周期很短，几天时间就可以完成。所以，只要有一点雨水，这些植物就能迅速生长。这里可能是野骆驼群迁移的必经之道，也就是人们常说的驼道，或者在附近有它们的水源地或食物源。车队继续前进了大概 10 千米，就进入了一片梭梭林，这是骆驼的重要食物，我们会连续见到几群野骆驼也就不奇怪了。

到了大概下午 4 点多，天气已经明显变了，浮尘已经开始飞起来了，可能前面就会有沙尘暴。这也是我们一直担心的，大家心里都在默默地祈祷，都不希望遇上。"前方有黄小姐（队友对黄羊的戏称）"，对讲机里又传来了好消息。果然看到有 3 头黄羊在飞奔。那日苏把车加足了马力往黄羊跑的方向赶过去了。由于是在梭梭林里穿行，路不好走，我们的车无法赶上黄羊，只远远地拍了几张照片。黄羊的奔跑速度比野骆驼要快得多，转眼之间就不见了。但是还是很高兴，毕竟我们第一次在库姆塔格沙漠见到了黄羊。

这时候，风已经在肆无忌惮地刮着，漫天的浮尘在天空飞扬。"前方有沙尘暴"，对讲机里传来了我们最不愿意听到的消息。朝前方一看，对面的山头上果然有一团黄土在飞扬，慢慢的，黄土越来越多，扩散和推移的速度也越来越快。刚才还能隐约看得见的山丘，转眼之间就消失得无影无踪，都被黄土包围了。指挥部的车上在提醒车队注意沙尘暴，他们的车辆已经抵达过沙尘暴的前沿了。慢慢的，我们的车已经看不到前方的车了，这时候的能见度已经越来越低，大概不足 10 米。前方车辆刚走过的车轮印，转眼之间就被尘土盖住了。车辆都是一辆接一辆地缓慢前进，不然很容易迷失方向。此时，风力已经超过 8 级了。早上兰州气象台和乌鲁木齐气象台的气象信息已经预测到这里可能会有 8 级大风。这里属于甘肃和新疆两地交界的地段。我们此次考察专门向兰州和乌鲁木齐气象台发出了请求，请求他们专为此次考察发送气象信息。沙漠里的沙很细很细，几乎跟灰一般大小，只要有稍微的动静，如在沙地里走几步，就会有明显的扬尘。平时，1 ~ 2 级微风的时候，空气中的浮尘就像南方的阴雨天，毛毛细雨一直不断。可想而知，8 级大风的时候是什么样子。虽然在北京见过沙尘暴，但那已经是强弩之末了。

车队在大风中持续前行，速度很慢，20 千米的路程走了大概 1 个半小时。下午 6 点 40 分的时候，终于到达了二号大本营营地。这里是一个河谷口，风沙仍然很大。与一号营地的同志联系的时候，他们那边也是狂风大作，帐篷都吹跑了。所幸我们这里已经有先期到达的后勤同志搭好了 2 个大帐篷。食品和水都已经送过来了，不然就麻烦了。我们下车的时候，车门上都是厚厚的一层灰沙了，身上、脸上、耳朵和鼻子里都是沙子，连嘴里都有明显的沙子。

没有办法，大家只能坐在车上等待，希望沙尘暴早点停下来。后勤人员在冒着风沙为我们准备晚餐。晚餐也很简单，只能是方便面加泡菜，不同的是，今天还加了一些鸡蛋。每个人可以吃到 2 袋方便面和 2 个新鲜的鸡蛋。不过在吃的时候得注意，一定要快，不然面上就会浮上一层厚厚的细沙了。晚餐结束后，已经是晚上 8 点多了，天慢慢黑下来了。因为有时差的关系，这里要到晚上 9 点左右才能完全天黑。风还是没有要停的意思，我们只能继续在车上等，没有办法扎帐篷，帐篷会被风吹起来的。望着漫天飞舞的风沙，感觉很迷茫。没有想到，二号营地会以这样的方式来迎接我们。估计要在这里开展 1 周左右的调查工作，如果是这样的天气，这里的工作将无法开展。有经验的队友告诉我们，沙尘暴一般都会持续好几天，要真是这样就麻烦了。

到了晚上9点半，风还在呼呼地刮着。没有办法，队友们各自找了一些相对偏僻或者是车后面的地方，勉强把帐篷搭了起来。真希望风能快些停下来，可以早些进帐篷休息，好开展明天的工作。指挥部一直通过卫星电话在和后方保持联络，一方面是打听天气情况，另一方面是必要的时候准备启动应急预案。这次考察活动制定了蓝色、橙色和红色三级应急预案。出发之前，通过国家林业局已经和兰州军区与甘肃省政府进行联系，请求在紧急状态下派出直升飞机等进行救援。

进入刚搭好不到5分钟的帐篷里一看，气垫和行李上已经是厚厚的一层沙了。没有办法，只好继续回到车上坐着。车上相对来说要好一些，至少看不到那么明显的沙。拿湿纸巾往脸上擦了擦，感觉真好，擦的地方明显掉了一块东西，用手一摸，脸上明显光滑了很多。海龙顶着狂风冲进了帐篷，不知道这样的夜晚在帐篷里睡觉是什么滋味。我是不敢去试，那日苏师傅和他的同伴们到大卡车的尾箱里睡觉去了。我独自坐在车上，喝了点啤酒，打开睡袋，迷迷糊糊睡着了。半夜醒来的时候，外面居然下起了雨，淅淅沥沥的，好像还下得不小。那日苏他们没有搭帐篷，都被雨淋湿了，就跑回车里了，我只好抱着睡袋去了帐篷。因为太困，也顾不得许多了，很快就在帐篷里睡着了。

9 月 16 日

今天是进入沙漠的第7天。

昨晚的一场雨使空气变得很清新，这在大漠里面是很难得的。植被组的队友们把厨房里的水盆拿了来接雨水，估计昨晚的降雨量在5毫米左右，这对于库姆塔格沙漠来说，已经很多了。这里的平均年降水量是20毫米。看来是沙漠被我们的科考精神所屈服了，用沙尘暴来迎接我们，没有把我们吓到，只好用雨水为我们洗尘。

因为大家觉得现在所选的二号营地位置不太好，在风口上，这是非常忌讳的，所以决定重新选择营地。今天的首要任务是寻找新营地，大概10点左右，车队在向导的指引下，来到了一个较合适的地方。这里地势比较平坦，还有一片红柳林。卸下行李后，植物组、水文组、测绘组和我们动物组的 5 辆车准备到附近的两个沟里考察，一个是红柳林，另一个是胡杨林地，这两个地方都有泉水。虽然只有 30 千米的路程，可大家一路颠簸了 2 个多小时才到达。车不能直接到达目的地，必须步行大概 2 千米。由于这里都是大石山，走路很困难，大约半小时后，我们终于到达了目的地。这里果然有一股较大的水流，可能是昨天晚上下雨的缘故，水有些发黄和浑浊。大家还是忍不住跳到水里，毕竟已经有 6 天没有洗脚和洗脸了，拿出毛巾和洗发水洗了脸和头发。在这么浑浊的水里洗，还是人生的头一遭。那日苏师傅还专门准备了一瓶洗发水，转眼间就被我们几个分光了。洗后的感觉真好，头都轻了很多，真的好爽。

下山的路上采集了一些粪便样品，而且拍到了 2 种鸟的照片，我拿的是 300 的镜头。这里的鸟可能很少见到别的动物，好像对我们的到来很有兴趣，总是在我们前方不远的地方玩耍，像是在跟我捉迷藏。这就没有理由不把它们的相片照好了，这可能是我们进入沙漠以来拍的最好的鸟的照片了。

大概晚上 7 点多的时候，我们回到了营地。晚饭是久违的米饭，想不到还可以吃到新鲜的米饭。因为一路上吃的米饭都是海军食品里的，这种食品经过了很多处理，所以吃的时候感觉怪怪的，有点难受。我们几个南方的队友真是奔走相告，很是开心，一天的疲劳荡然无存。有米饭就得有炒菜，炒菜是土豆片炒羊肉，虽然简单，但很香。真的很长时间没有吃到这么香的饭菜了。不到 9 点，我们就准备睡觉了。有点担心的是，一号大本营转移过来的 4 辆车还没有到达我们这里。期望他们可以平安到达。

9 月 17 日

大概是凌晨 3 点左右的时候，被冻醒了。往帐篷上一摸，帐篷内已经挂满了水珠。外面的风在呼呼吹着。这里的风可以吹得沙尘漫天飞扬，没有任何东西可以抵挡风。我把衣服盖在身上，又迷迷糊糊睡着了。7 点多的时候，起来一看，睡袋上还是铺了厚厚的一层沙。再往脸上一摸，昨晚偷偷拿矿泉水洗干净的脸又被厚厚的沙子盖住了，真是徒劳啊。队友们说，一号营地的车直到昨晚 12 点多才到达这里。

今天的目的地是往西走，沿着阿尔金山山脉寻找水源地。大多时间是在

蝶恋花（小红蛱蝶）

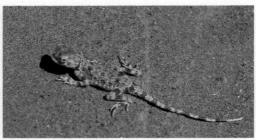

蜥蜴——沙漠的常住民

戈壁滩里走，一路上颠簸得很厉害。大概走了 50 千米，我们遇到了一个采矿队，他们正在修路，说是准备开发一个磁铁矿。这里应该属保护区了，在保护区里采矿已经不是新鲜事情，但是对保护区的影响还是很大的。一方面，人为活动的增加干扰了野骆驼的正常生活，野骆驼害怕到有人活动的地方；另一方面，人为活动抢占了野骆驼的水源地，采矿的人在水源地上拉水，野骆驼就不敢继续去饮水，就失去了它们本来就很少的水源。

大概晚上 6 点多，我们回到了二号营地。今天的工作时间不是很长，回到营地后利用指挥部的卫星宽带上了网，并给家里报了个平安。其实，这些天一直都与外界无法联络，有点回到原始社会的感觉。晚饭还是香喷喷的米饭，饭后后勤的同志通知我们，天气预报晚上的最低气温只有 2℃，要大家注意防寒。我睡觉的时候把两个睡袋都打开了，并把衣服都盖在了身上，这样应该不会有什么问题了。

9 月 18 日

今天的目的地是去沙漠中的一个湖。在戈壁滩上颠簸了大概 1 个多小时，在一个沙漠的入口不远的地方，果然看到了一座湖。能够在沙漠中看到湖，是大家没有想到的。这种湖实际上是由洪水冲积而成，是不固定的。如果发生了洪水，水就可能在某个地方冲积形成积水地，若干时间后，水就会干掉。下一次洪水发生的时候，可能又会在别的地方形成新的湖。我们见到的湖其实很小，就像普通的游泳池大小。湖里有一些水，水在太阳的照耀下，清澈见底，特别特别蓝。我们都不忍心弄脏这么干净的水。湖边有很多鸟，鸟发现了我们的到来，都惊恐万状地飞了起来。先飞起来的鸟在湖的上空转了几圈，好像是在等那些没有来得及跟上的鸟，而这稍许的停留给我们提供了拍摄的机会。鸟其实没有飞多远，就在对面的沙丘上玩耍。过了一会儿，有些大胆的鸟又飞回到了湖边，好像是舍不得离开这个沙漠中的仙境。没有多久，鸟就又陆续飞了回来，在离我们不远的地方嬉戏、玩耍，有的还到湖边喝水，还发出了开心的叫声，好像又恢复了平静。

湖的周边长了一些梭梭林，有一些野骆驼的脚印和粪便，还抓到了 2 只蜥蜴。由于蜥蜴是冷血动物，早上它们的体温还没有恢复，无法活动，所以早上的蜥蜴很好抓。

下午我们没有原路返回，而是沿着山路一直往上赶。这里有一条很大的河床，河床的一边是山，另一边是长满植物的戈壁滩，这里应该是野生动物的天堂。果然，没有多久，我们就发现了黄羊和野骆驼。一路上，不断有黄羊见到。由于黄羊在戈壁滩上跑得快，而戈壁滩上的路又不好走，我们只好望羊兴叹了。我们还见到了 2 群野骆驼，有一群是 4 峰，另一群是 1 峰。这 1 峰野骆驼很有意思，是我们在追赶黄羊的时候遇到的。我们追了黄羊大概 3～4 千米，没有追上，在我们下车的时候，突然发现后面不远的地方有 1 峰野骆驼。我们都在笑，说这峰野骆驼可能是出来看热闹的。我们在赶黄羊，压根儿就没有见到野骆驼，也可能是我们只顾追赶黄羊，而忽视了野骆驼的存在。

一路上，见到的黄羊有 40 头左右，最多的一群是 8 头。我们正在因为没有拍摄到很好的黄羊照片而遗憾的时候，突然，那日苏叫了一声，有狐狸。我抬头一看，果然有一只棕黄色的狐狸正从我们车的右前方路上窜过，一下就到了车的左边，我已经来不及打开相机了，狐狸一下就不见了。海龙在后座上拍了几张，可惜都被植被挡住了，看不到狐狸的身影。

快到山口了，我们梦寐以求的事情终于发生了。一只黄羊就在离我们车不到 5 米的地方站着。我们赶紧停车，黄羊好像对我们的到来熟视无睹，这给我们提供了最好的拍摄机会，我们一阵狂拍。和我们同车的中国科学院植物所林光辉老师拿着普通镜头的照相机，都说拍到了很好的照片。随着我们的靠近，黄羊好像觉察到了什么，转身就跑了。

晚上 6 点多的时候，我们顺利回到了二号营地。

9 月 19 日

　　今天是进入沙漠的第 10 天。有经验的队友告诉我们，第一次进入沙漠如果能够超过 10 天，就说明可以适应沙漠的环境了。我们几个首次进入沙漠的队友看起来都还不错，没有什么异常的反应。其实，这次来沙漠的辛苦程度对我来说应该是小菜一碟了。之前，我已经去过几次青藏高原进行雪豹考察。在青藏高原上考察，面临的环境远比这里恶劣。青藏高原的平均海拔在 4000 米以上，雪豹喜欢独自行走在海拔 3500 米以上的高山上。为了见到雪豹的活动痕迹，我们经常要从海拔 3000 多米的地方，沿着山往上爬，到达海拔 4500 多米的地方。海拔 4500 多米地方的氧气仅相当于平地氧气的 1/3 左右，其艰难

叶蝉

白鹡鸰

蚁

蝇

程度可想而知。在来库姆塔格沙漠考察之前，8月份在青海省境内的青藏高原调查了12天，从西宁出发，经青海湖、天峻、德令哈、格尔木、不冻泉、曲麻河、治多、索加、玉树、称多、玛多等地，行程4000多千米，几乎走遍了除海东之外的整个青海省，绝大部分时间都是在海拔4000米以上的地方活动。所以这次在库姆塔格沙漠，除了风沙之外，并没有什么特别的感觉。

今天的任务是继续去昨天走过的山边戈壁，看能不能走进阿尔金山，寻找到一些新的线索。刚从营地出来不久，我们就看到了一只未成年的野骆驼。可能是与骆驼群走散了，独自茫然地站在戈壁滩上张望。我们悄然走近它的时候，它好像全然没有感觉，一副无所谓的样子。这些天我们见了不少野骆驼，它们见到人都是不停地奔跑。而今天这峰骆驼却是一动不动。我们不断接近骆驼，走到离它不到2米的地方，骆驼开始在原地打转，而且口中不断有唾沫喷出。我们都担心它会不会是生病了。抓紧机会，一通狂拍，还拍到不少和骆驼的合影。那日苏想去摸摸野骆驼，这下这家伙可不干了，后腿猛地一蹬，差点踢到那日苏了，它还是很警觉的。这样僵持了大概有10分钟之久，野骆驼终于站不住了，开始朝戈壁滩上跑去。从它跑动的速度和行动上看，这峰野骆驼好像没有什么不正常，我们就不用担心它的健康了，只是希望它能很快找到它的同伴。

今天的另外一个收获是拍摄到了野兔。这是我们几天来一直想拍的，由于没有好的机会，都没有拍到好的照片，今天总算成功了。这次拍野兔就跟上次我们拍黄羊一样，兔子蹲在地上一动不动，等我们拍够了才反应过来往前奔跑。

大概10点多的时候，我们走到了一条废弃的国道上。沿着这条废弃的国道，走到了中午12点多，还是找不到进入阿尔金山的入口，我们只好决定放弃了，开始往回走。大概下午4点的时候，我们回到了营地。今天有敦煌市的副市长和其他一些领导来营地慰问大家，给我们带来了新鲜的羊肉、酒和很多水果等。这些礼物就成了我们丰盛的晚餐，特别是那日苏师傅终于可以吃到他久违的羊肉了。只是把海龙给害惨了，晚餐除了水煮羊肉就是腊驴肉和猪肉，他可是不吃肉的哦，哈哈。没有办法，我们把情况反映给了指挥部，指挥部马上指示厨房给他开小灶，就是加2个荷包蛋。可能是好长时间没有吃到这么新鲜的羊肉了，领导们送来的2头肥羊，很快就被我们这群"恶狼"给瓜分光了，连羊肉汤都喝得很香。其实这顿羊肉做得很简单，是纯粹的水煮羊肉而已。

9月20日

今天的计划是从二号营地向3号营地转移。两个营地之间相距100多千米。3号营地实际上已经是牧区了，这里已进入阿克塞哈萨克自治县境内了。3号营地就设在一个叫多坝沟的乡政府附近。阿克塞哈萨克自治县全县人口9000多，在这个乡人口有500～600人。车队在下午1点多到达3号营地。这里有很好的水源，水是从阿尔金山上流过来的，在这里我们可以清楚地看到海拔5000多米的阿尔金山主峰之一，上面常年覆盖着白雪。这个乡的农业和生活用水大都是靠雪山水，水是通过一条人工水渠引过来的。由于海拔的落差比较大，水流很急，几个队友在渠边洗脸的时候，差点把毛巾冲走了。尽管是中午，太阳最好的时候，由于是雪山上下来的水，水还是很凉。大家都顾不上吃饭，拿出工具把自己好好地清洗了一下。之后大家都兴奋地开着车往村里去了，希望能尽快感受一下当地的乡土人情。我们的营地离村庄也就2千米左右，几分钟就到。这里是一个典型的西北部少数民族居民点，村里居住的都是哈萨克族人民，村民以种植农业为主，包括玉米、西瓜等。村民们很好客，看到我们来了，赶快搬出自家种的西瓜招待我们。这里的西瓜都是小个的，一个顶多3～4斤，由于干旱而且温差大，西瓜很甜。这个季节刚好是当地玉米收获的时候。因为中午，村民们都回家吃饭了，否则的话，我们可能在村庄里会见不到人。村民们还要赶着下地，我们只好买了一些西瓜后回到了营地。

9月21日和22日

接下来的两天时间里，我们就在多坝沟沿线开展了一些调查。在9月22日，从3号营地出发，经过敦煌西湖自然保护区，穿越阳关，于傍晚的时候顺利抵达了敦煌市，也就结束了这次"沙漠之旅"。

07

在沙漠科考中求索

赵 明

研究员。甘肃省治沙研究所副所长，民勤治沙综合试验站站长。现任甘肃省林业科学研究院院长。主要从事荒漠化防治、沙尘暴监测研究。

9月9日

库姆塔格沙漠综合考察进行准备工作，全体队员均到达敦煌。下午科考项目负责人和科考前线总指挥，在敦煌宾馆邀请董光荣、杨根生、王苏民等专家对科考的细节问题进行了指导性研讨。全体科考队员参加了会议。这次会议标志着本次科学考察的准备工作圆满就绪。

9月10日

考察队于上午9时在敦煌市政府广场举行了隆重的出发仪式。科技部、国家林业局、中国林业科学研究院、甘肃省林业厅、新疆林业厅和敦煌市的领导出席出发仪式，为库姆塔格沙漠科学考察队壮行，张院长发布了出发命令。

123

12:30 左右车队到达国家地质公园,13:30 在沙漠入口用完方便午餐并合影留念,各领导送到入口并举杯送行。14:00 车队向沙漠进军,15:30 左右考察队顺利到达一号营地(考察队在库姆塔格沙漠中北部的羽毛状沙丘集中分布区建立了一号营地),大部分队员开始考察工作。晚上吃完汤面条后,安营入睡。

9 月 11 日

早上 6:30 起床,收拾行装,准备按计划开始考察。出发前打算将带来的积沙仪和风沙流流量计安装在一号营地的气象站附近。但由于时间紧张未能实现,不得不停留在一号营地,不能和大部队同行。上午在省气象局李主任的协助下,安装了积沙仪和 2 台风沙流流量计,不幸的是在用建设 250 沙地摩托车运送仪器时,一台积沙仪从车上落地被车轮压坏。下午开始起风,风速较大,17:20 在炊事员张兴全协助下,取了积沙仪和风沙流流量计的样品。晚上 19:00 左右开始降雨,20:30 左右降雨强度加大,21:30 左右降雨停止。由于没有雨量计,我只好用厨房面盆测定了降雨量(待收集的降水称重后可算出降雨量)。

9 月 12 日

一号营地上午天气晴朗,无风,有大量露水产生,营地的金属和玻璃设备以及帐篷内侧有很多露珠,这样的现象在库姆塔格沙漠是很少见到的。由于降水,沙面湿润了 37 毫米,收集降雨的面盆直径为 350 毫米,初步估计降雨量为 4.6 毫米。在距营地 5 千米处发现了砾石锥,锥体底部为近圆形,顶部有两个峰,高度约为 20 米。砾石锥体底部与沙地界线十分明显和规则。锥体上均匀分布一层砾石,砾石为多种形状和种类的岩石的混合物。一层砾石下方是风沙堆积的沙丘。怎样形成的?原因十分难解。在该砾石周围还可看见 4 ~ 5 个大小不同的砾石锥。

晚上帐篷内昆虫较多，主要为一种小型蛾子，可能是夜蛾的一种。这些昆虫在 9 月 11 日晚上基本上没有发现，这可能是由于降雨的原因所致。到晚上 21:00 时左右在厨房发现一只老鼠，捕捉后鉴定为大沙鼠。

9 月 13 日

考察队在库姆塔格沙漠腹地的不同地貌单元安装了自动气象站、测风站和风沙流流量监测设备，将对沙漠内部的气候和风沙运动进行长期监测。早上在营地北面发现砾石滩，位于两沙垄之间的平坦沙地上。砾石滩与背景沙地界线明显整齐，形状近圆形。砾石的组成与砾石锥相近。砾石滩的周围砾石密集，中部较少，砾石下面仍然是风成沙。砾石滩的形成是否与砾石锥有联系？可能是砾石锥风蚀坍塌形成的。

9 月 14 日

考察队中午行走在位于库姆塔格沙漠西北部的羽毛状沙丘上。羽毛状沙丘是一种独特的风沙地貌类型，仅分布于库姆塔格沙漠。羽毛状沙丘由新月形沙垄和垄间波状平沙地组成，在大尺度空间上呈现羽毛状。羽毛状沙丘的形态、形成机理和下伏地层还不完全清楚。

9 月 16 日

考察队来到了库姆塔格沙漠南缘洪积扇，在此生境条件下生长着一种特别的植物——霸王。霸王属于蒺藜科灌木，强旱生，果实具翅，姿态优美，在库姆塔格沙漠周边常见。在库姆塔格沙漠综合治理实践中，可开发为防风固沙植物。另外一种植物叫木本猪毛菜，属藜科猪毛菜属的灌木之一。木本猪毛菜分布于库姆塔格沙漠南缘的洪积扇、风蚀岩地和戈壁滩。它抗旱性强，也是有待开发的优良防风固沙植物。还有一种植物叫灰叶铁线莲，属毛茛科铁线莲属灌木，是毛茛科少有的沙旱生植物之一，也是库姆塔格沙漠重要的植物资源。灰叶铁线莲分布于库姆塔格沙漠南缘的洪积扇、风蚀岩地和戈壁滩，它具有极强的耐旱性，且枝条纤细、分支密集，植株高达 1.5 米，是优良的防风固沙植物。

9 月 17 日

今天是我们考察队行程的第 8 天。上午，我们一行四人首先在库姆塔格沙漠南缘一处生长有梭梭的沙丘背后意外发现两个小湖泊，湖水湛蓝，沙丘倒影其中，形成了"沙湖共生"的自然景观，这一发现在考察队引起了轰动。随着环境的旱化，库姆塔格沙漠的河流和湖泊逐渐干涸，但本次科学考察在沙漠的南缘发现了季节性河流尾闾呈念珠状排列的小型湖泊，多数小湖已经干涸，仅两个小湖有水，水域面积为 900 平方米。这些水域给野骆驼提供了重要饮用水源，也为植被生长提供了必要条件。可见任何荒芜之地均有可能发现生命的痕迹和它们赖以生存的水源。

下午，我们小分队专题考察了梭梭林。沙漠卫士——梭梭林呈密度为 4 ~ 18 株／亩的疏林状态，分布于库姆塔格沙漠南缘的洪积扇上和沙漠中的河流阶地上。梭梭是库姆塔格地区种群最大、分布较广的树种。由于梭梭植株高大（在库姆塔格可达 3 米）、根系发达（10 米以下）、抗旱性强，是库姆塔格综合治理首选的固沙树种。

9 月 18 日

我们考察小分队在库姆塔格沙漠南缘梭梭沟沟口的松软岩壁上发现多处硅

硅化木

化木出露。硅化木硅化程度不高，零散分布在 30 米厚的岩层内，硅化木最大直径可达 30 厘米，由此可以推断在过去几万年内库姆塔格沙漠及其周边地区曾经存在一个较长的湿润期。

9 月 19 日

在库姆塔格沙漠南缘由东向西呈条带分布着大面积的复合型沙山及爬坡沙丘，沙山的相对高度可达 150 米以上。沙山高度大、流动性强、地貌类型复杂、自然风光独特，是本次考察研究的重点之一。

9 月 21 日

这是考察队来到沙漠的第 12 天，上午到达三角滩，让队员们没有想到的是看到了野骆驼，野骆驼在中国现存 800 峰左右，主要分布于中国和蒙古荒漠地带，在中国主要发布于甘肃和内蒙古西部及新疆东南部，库姆塔格和罗布泊

首次库姆塔格沙漠综合科学考察队员手记

地区是主要分布区。由于环境变化和人类干扰，野骆驼种群呈下降趋势，已成为十分珍稀的国家一级保护动物。至 2005 年，国家建立了新疆罗布泊野骆驼保护区和甘肃安南坝野骆驼保护区，保护区中心为罗布泊和库姆塔格沙漠。

下午考察队考察了位于库姆塔格沙漠东侧的崔土木沟。沟中有现代季节性河流发育，从库姆塔格沙漠东南缘流经沙漠注入敦煌西湖。河水发源于阿尔金山山前洪积扇下游的泉眼，在河流中上游的河床两岸可见无数小股泉流涓涓汇入河道。沟内河床两岸植被繁茂，分布有胡杨群落、柽柳群落和芦苇群落，也可见高大的榆树孤立木，是研究沙漠植被的理想去处。胡杨林是库姆塔格沙漠分布的唯一一种乔木林，可为纯林，也可与其他纯林形成混交林。胡杨林分布于库姆塔格沙漠河谷（如小泉沟、红柳沟、多坝沟、崔木土沟）、沙漠东侧和北侧的低洼湿地（如阿奇克谷地、敦煌西湖湿地）和沙漠南缘的山谷（如大红山、小红山及卡拉塔什塔格山）。由于环境旱化，大部分胡杨林已严重退化。胡杨林是库姆塔格沙漠及其周边地区重要的防风固沙屏障。

128

08

沙漠科考的日日夜夜令我感动

张锦春

博士、研究员。甘肃省治沙研究所。主要从事荒漠化防治与生态环境治理研究。

　　2007年9月，本人有幸参加了"库姆塔格沙漠综合科学考察"活动。作为科考队员之一，在这半个月里，我亲身体验了在大漠里生存的日日夜夜，为科考专家们献身科学的精神而感慨，为越野司机师傅们娴熟的行车技巧而自豪，为后勤保障同仁们尽职尽责的关怀而感动！

　　9月10日上午科考队出发仪式结束后，车队于下午5时平安到达一号大本营营地。初到营地，科考专家们组织队员开始了紧张的科考活动。气象组在沙漠腹地架起了第一台自动气象站；植被组完成了营地附近植被分布考察任务；动物组深入柽柳灌丛采集制作动物标本；地貌组、综合组专家抢拍沙丘地貌照片，架设沙尘收集仪器；地质组、水文组在营地附近完成了2.5米深的地质剖面取样。傍晚就餐前后，科考专家们聚在一起交流心得，切磋观点，沟通信息。深夜入睡之际，各位专家还钻在自己的帐篷里撰写日记，总结一天的工作进展，考虑明天的工作任务。看着这一幕幕景象，心底的敬佩之情油然而发。他们这种不畏艰难、勇于探索、求真务实的科学态度和敬业精神将永远激励着我们年轻的一代。

　　9月11日开始，我们进入第一阶段的沙漠考察。此阶段考察路线最长，沙漠景观地貌类型多变，行路崎岖而艰难，安全行车成为考察任务顺利完成的重要保障。最初的羽毛状沙垄大穿越使每位队员记忆犹新，车队沿着平缓的坡面冲向沙梁、再沿沙梁陡坡下滑，加速飞越平缓丘间低地……行车途中，对讲机中不断传来越野司机们的提示声：请保持车距，请系好安全带，抓紧车上把手，小心前面有陡坎，注意陷车。看！前面的一辆车陷入沙坑，司机急忙下车，做出手势，指挥后面的车辆绕过危险区。最前面的车辆看到车队没有跟上，司机将车开到高处的沙丘上，停车回望，询问险情。

穿过高大的羽毛状沙垄，越野司机们才松了一口气，加足马力，沿平缓的阿奇克谷地向西行驶。刚才紧张的气氛烟消云散，传来阵阵吆喝声、歌唱声，带给我们无限的快乐。下午3点左右，车队到达沙漠西部小泉沟口安营扎寨，建立起了临时营地。劳累了大半天的司机朋友们不辞辛苦，有的前往探路，有的打开了车盖，检查车况，排除隐患。颠簸了大半天的科考专家们也抓住这一宝贵机会，在营地周围考察，还架起了1台固定风速风向站和2台便携式气象站。

12日上午，前线指挥部下达命令，考察队兵分两路：第一分队由董治宝研究员带队，沿小泉沟进行考察；第二分队由王继和研究员带队，穿越小泉沟向西，对红柳沟进行考察。我分到了第二分队，再次目睹了科考专家们不畏艰险的敬业精神和越野司机们沙漠行车的技术风范。由3辆车组成的车队从小泉沟西进，经历了17千米的艰难沙丘和22千米的戈壁带到达红柳沟口。此段沙丘高大，分布密集且沙质松软，是沙漠考察中最为艰难的路段之一。司机师傅们凭着多年沙漠行车的经验，在这段浩瀚沙漠中穿行，时而加速前进，时而减速慢行，沙漠里曲折的车痕，是他们娴熟技巧的见证。来到红柳沟内，我们发现了沙漠大峡谷。同队考察专家屈建军研究员、严平教授、高志海研究员就沙漠大峡谷形成展开了调查测量，进行了热烈的讨论。王继和研究员、杨文斌研究员是科考专家中的长者，但他们不畏艰险，爬上一座座高大的沙山，抢拍发现的野骆驼、鹅喉羚的行踪，领略沙漠奇观，探讨荒漠植被分布格局。他们这种严谨的科学态度和坚强的毅力，感动着我们每位年轻的队员。

13日，我们从临时营地出发顺利返回一号大本营。留守在一号大本营的队友们，接到我们凯旋的消息后，顶着烈日奔向沙丘顶上，挥动手中的旗帜向我们表示祝贺。下车后，留守队员们几句简单的祝福，温暖着归来的科考队员的心。不一会儿，大师傅将一锅热腾腾的揪面片抬出帐篷，给我们盛上，微笑着说："同志们辛苦了，好好吃一顿，解解馋吧"。留守队员还拿出榨菜、鸡蛋等食品往我们碗里加。他们无微不至的关怀和照料，打动着我们回归队员的心。晚上，前线指挥部开会决定：14日各考察小组自行安排考察任务。按计

架设测风站

划结束第一阶段的考察任务。15 日早上拔营，到二号大本营开展第二阶段的考察工作。

拔营不是一件轻而易举的事，需要提前做好一切准备。这一时段也是后勤保障队员们最辛苦的日子。拔营前需要调度车辆，进行考察样品、设备、生活用品、食品的归类整理及装车、押送等，后勤队员们忙得不亦乐乎。我们都看在眼里，记在心里。拔营拆卸大帐篷时，看着他们几个人吃力地拖着大帐篷折叠，我们也上前帮忙，抬东西、装车等。费了好大的力气才将所有行李收拾妥当。可想而知，当初他们是如何将这些东西装车运送到大本营的。

15 日早晨，车队穿越沙漠，进入沙漠南缘戈壁地带，遇见沙尘暴天气。天空一片昏暗，能见度急剧降低，车队只能放慢速度，打开雾灯缓缓行进，寻找二号大本营所在地。当我们进入营地时，外辅后勤队员早已搭好帐篷，等待着我们到来。一下车，他们迎上来，伸出热情之手跟我们问好。听说他们在三天前就开始押送物资进入沙漠，在戈壁上已颠簸了好几个来回。有时车载太重，沙陷后出不来，只好卸车分批转运。可见，后勤队员是多么的辛苦！为了科考工作的顺利完成，他们任劳任怨、尽职尽责，这的确是一件很不容易的工作，需要投入大量的精力才能做好。非常感谢，我们的后勤队友们。

131

9 月 16 日到 19 日，第二阶段的沙漠考察任务全面展开。我们顶着沙尘暴和风雨的袭击，对沙漠南缘的植被进行了梯度调查。发现了荒漠阔叶林——胡杨的新分布区 2 处；开展了梭梭、胡杨种群的调查；取得了南部沙漠的气象数据资料和植被样地的土样。气象组、地貌组、综合组在二号大本营附近分别架设了自动气象站、风沙观测收集仪器等；水文组在沙漠腹地发现了季节性沙漠尾闾湖，并进行了现场测量和取样。科考队各项工作就这样紧张而有序地进行着。

20 日，我们第二次拔营，来到沙漠考察的最后一个驿站——多坝沟，开始了第三阶段的工作。多坝沟属甘肃省最西部的阿克塞哈萨克族自治县管辖。我们从沙漠无人区来到居民点附近，沉重的心情终于得到了解脱。听到哗啦啦的流水声，队员们情绪非常激动，好像奏响了科考凯旋的乐曲。考察活动在轻松的环境中进行着。我们深入多坝沟、崔木土沟，考察两岸植被的分布状况，采集到了稀有物种——盐地柽柳、白花柽柳的标本，观赏了沙漠奇观——苇子泉、沙漠瀑布的美景。

不知不觉，2 天时间已过，沙漠考察临近尾声。22 日，考察队队员们满怀喜悦，凯旋敦煌。

09

沙漠夜行

袁宏波

硕士、助理研究员。甘肃省治沙研究所。主要从事荒漠化防治与荒漠植被生态恢复研究。

　　沙漠里的每次行程都让我难忘，库姆塔格沙漠考察的那次夜行就是其中印象深刻的一次。虽然其中情境如未亲历，用语言仅能表达十之二三。但动手将其记录下来，仅为有幸参与此次考察活动，怀念参与考察的60多位同志们情谊，难忘与库姆塔格沙漠的再次亲密接触。

　　2007年9月12日，根据考察指挥部的计划，要进行一天的分队考察。我们1分队由水文组、植被组全体队员和地貌组1人、向导等14人，3辆车组成。预计考察路线是自阿奇克谷地西端小泉沟头东岸的临时营地出发，前往沙漠最西端的红柳沟，最终沿红柳到达沟道的源头区域。预计行程直线距离往返约160千米，计划在天黑（下午7点）前返回营地，由于路线不熟悉，尽量避免走夜路。

　　今天的路线对我们全分队的人来说是全新的，但同时，目的地区域也是我们植被组和水文组的一个重点考察区域。为此，我们做了充分准备，分队队长王继和研究员向总指挥部申请，由沙漠环境中经验丰富，被我们戏称为"智能GPS"的马木利继续做我队的向导，由艺高胆大的武志元师傅作此行的"先锋"，而后勤则由经验丰富的唐进年研究员负责。

　　虽然，我们清晨6点准时起床，收拾行装、工具，吃饭，7点整准时出发，但仍然未能按时返回，而且经历了一次难忘的沙漠夜行。

踏上归程

当我们经过近两个小时的颠簸，在返程中走完四十余千米异常坎坷崎岖的沟道，三辆车相继驰出红柳沟，冲上因流沙覆盖而虚软的沟岸时，时间已近下午 6 点，暮色将至。夕阳正在释放着它一天中最后的能量，火红的余晖映照着苍茫大漠。

三位司机师傅下车给车胎放气（行车进入流沙地前的一项必须程序）。我乘此间歇，环望四周。南方，阿尔金山远远地屹立挡住了我们南望的视线，也隔断了沙丘的绵延；西方，红日斜挂，一片开阔的洪水冲积扇展开在眼前。距离我们不足 100 千米处便是我国第一大沙漠塔克拉玛干沙漠；北方，目力所及尽是一片粗砾石覆盖的戈壁滩地，沿此方向大约 30 千米外便是备受关注的"罗布泊"；东方，漫漫流沙则是我们的归途。此时，"楼兰古城""远古化石""地球之耳"等神秘而诱人的记忆又浮现在脑际，长久以来的向往之情又在心底涌动。毕竟离她们已这样近了，但这次就只能暂且记住留在这里的足迹。

经过短暂休整，大家调整好各自己的 GPS、对讲机。王继和研究员和严平教授是本次小分队的正副队长。确定回营地的顺序仍由武师傅的 6 号车当先，车上有唐进年研究员、向导马木利和褚建民博士；王继和、杨文斌、张锦春 3 位研究员和我乘小魏师傅的 2 号车居中；水文组严平教授、俄有浩、王学全研究员乘张师傅的 10 号车断后。带着大家的迫切心情，三辆车鱼贯踏上归途。

透过车窗，夕阳渐渐西沉。此时的她带给我的不再是留恋、平静，而是一丝兴奋和焦虑。因为，我们肯定要经历一次沙漠夜行，或许这是我一生中难得的经历。

砾石戈壁

当夕阳西下，夜幕降临。来时的路已影影绰绰，我们完全驶离红柳沟口，进入了一片呈三角状的砾石戈壁。这片戈壁一角向西北延伸，一角指向东北，一角指向西南，最长的边为东北—西南方向，长约 60 千米。我们要从中横穿过约 25 千米。白天来时的路上，我们试图在这片戈壁中寻找一些生命的迹象，但令人失望的是在二十多千米的行程中，只看到三、五株已经干枯的碱蓬。中途下车观察，采集了一份表层盐分土样，试图分析一下是否是盐分含量过大导致植被不能生存。

这片戈壁的表层碎石棱角分明，受风沙的磨蚀尚不够强烈，覆盖物疑似洪积、冲积物，或者冰川、冰水堆积物，抑或是大块岩石经长期强烈风化后的碎屑残积物。大部分区域表层的砾石与周围的细沙混合形成一层坚硬的胶结壳，较低洼的地方厚度约有 5～6 厘米，并有盐碱斑；表面胶结层下面是较为深厚的粉尘和沙层，湿度较别处大，董治宝老师做过风洞试验，砾石的覆盖度只要超过 45%，风就吹不起沙尘了。粗略估计这里的砾石覆盖度不超过 40%，可是表面的胶结盐层保护了下层的沙粒甚至粉尘不被吹起，也保持了下层一定的水分。

天已经完全黑了下去，我们被黑暗紧紧地包裹起来。这片戈壁地形频繁起伏，落差较大，车子虽不怕被陷，但也不能加速前进。道路颠簸加之是夜间行车，小魏师傅也不再说话，脱掉外衣，全神贯注地驾驶着。车上录音机中播放着那首《月亮之上》，"我在遥望，月亮之上，有多少梦想在自由的飞翔……"，透过车窗凝神望去，远处隐约只有的沙丘绵延不断。然而今夜没有月亮！车子依然在前行，梦想似乎在飞翔……

搓板路上

经过近一个多小时的颠簸，终于要走出这片几乎没有生命的戈壁了。这时，对讲机里传来唐进年研究员的呼叫"后面车请注意，前方进入'搓板路'"。

"搓板路"是我们对一种沙漠中特有的路况的形象描述。顾名思义，就是形如洗衣搓板状起伏变化的路况。它是沙漠中直径在微米量级的沙粒在风蚀、堆积作用过程中，形成的形状相似，但大小、尺度差异较大的沙粒堆积呈波纹状起伏变化地貌形态。当波纹的波长达到以米为单位、波高（起伏高度）以数十厘米时，车行走在上面，就会上下颠簸，行驶艰难而缓慢。我们遇到的就是波长约 1～2 米，波高约 20～50 厘米不等的沙波纹路，排列为东北—西南方向，迎风坡多向东北。根据迎风坡指向、波纹的排列，可推断这一区域的主风向为东北；脊线和北风坡波纹的形态特征也能在一定程度上说明区域存在与主体风向相对应的西南风或其他风向。

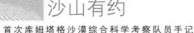

听到对讲机提示不到几分钟，我们的车便进入了"搓板路"地段。虽然小魏师傅和我们都已有了思想准备，但车速还是没有及时减下来，刚进入"搓板路"时，我们都被从座位上猛烈的颠了起来，后排人的头也撞到了车顶，不过撞得不重。车减速后，大家抓紧把手，但还是不时地、有规律地被颠离座位。天太黑，由于灯光投射在起伏不平且粗糙的沙地表面时，很大一部分的光都被散射掉了，即使车灯全部打开也没有太大作用。这时行车就不能全靠光线，还要凭司机经验和感觉了。尤其是在前面的车子发生转弯时，后面的车子看不清前面的路线变化，就会不时的偏离或出现较急速的转弯。一阵连续颠簸之后，小魏师傅开始改变行驶方向，顺着沙波纹前进。这样，颠簸不再那么剧烈，但前进方向又和原来的方向偏离了约60°左右，GPS提示严重偏离航向。王继和和杨文斌两位老师经验丰富，建议不要偏得太厉害，颠簸一些问题不大，重要的是不要跟丢了前面的车辙。沙漠行车，跟着前面车辙走是一个明智的选择，尤其是在夜晚。小魏师傅只得将方向往回打了打。

从戈壁路进入"搓板路"的这段时间，对讲机的使用频率也在逐渐增多。为应对突发路况，各车之间保持着2至3千米距离，前面车辆的尾灯在起伏的沙地和蜿蜒的道路上忽明忽暗、忽左忽右的漂移着。对讲机不时传来"后面车注意，前面右拐"，"后面车注意，前面容易陷车"，"各车注意保持车距"，"……"。还能断断续续地听到对讲机里传来音乐声，不知是谁在用对讲机为大家播放音乐。偶尔还有严平教授开玩笑"大家注意，前面出现'黄小姐'"["黄小姐"是大家对沙漠区特有的国家二级保护动物"鹅喉羚"（俗称黄羊）的美称]。

玩笑和音乐调节了大家的紧张情绪，也缓解了车内的沉闷气氛。

陷车路段

如果说刚走完的"搓板路"用"艰难"来形容，那么下面的软沙路就应该用"艰险"来表达。其实，从踏上返程的那一刻起，我就在为今晚能否顺利返回营地而担忧，而主要担忧的就是后面的不到10千米路程。因为这段路地形复杂、沙丘密集，有虚软的沙地、有沙粒覆盖的沟坡，容易陷车、迷失方向甚至发生危险事故。

我们的行程已走了大半，距离临时营地仅有约10千米的直线距离。但就在这短短的路途中，我们要经历地形变化的最复杂的地段，最容易发生的就是陷车。即将进入的是小泉沟的一片洪积扇区域，这一区域越接近沟道，地形越复杂，松软的平沙地、低洼的风沙堆积坑加之地形起伏较大，车速受到严重影响。三辆车的间距缩小到了几百米，然而前车扬起的沙尘完全挡住后车的视线，能见度不足 1 米。

果然，刚过"搓板路"不久，2 号车就遭遇了一次陷车。因为沙面比较虚软，而且沙尘飞扬，我们不得不多次停车等待沙尘散去，看清路线后前行。在又一次沙尘散尽之后，我们发现停车的位置距离前面一个沙丘太近，车在接近沙丘顶时，突然慢了下来。根据经验，一定是车轮陷入了松软的沙地。小魏师傅毫不犹豫地停车，挂上倒挡，正要倒车重新冲刺时，忽然想起后面的 10 号车马上就要过来了。为避免两车相撞，小魏师傅赶紧提醒："快联系 10 号车"。"10 号车注意，2 号在前面陷车，请注意保持车距。"我抓起对讲机重复了两遍。"我们已经看到，已经看到。"10 号车做出了回应。话音刚落，就看见车旁一阵尘沙飞扬。10 号车顷刻间从我们旁边冲了过去，在前面一个高处停了下来。好险！因为在虚软的沙地行车，最易陷车，车速加起来后就不能轻易减速，加之前面车辆扬起的沙尘使后面的车辆完全看不到前面车辆的状况，如果不是及时提醒，两车就会发生追尾。小魏师傅集中注意力，低挡将车倒回一些，然后挂挡、加油、打方向一套娴熟的动作之后，车子沿原路线再次向丘顶冲去，可惜又没冲过去。"是不是需要我们下车推一下"，我在想。此时，车上的王所长和杨文斌一言不发，这就是最大的信任。只见小魏师傅换挡、倒车，重新选择了一块没有碾压过的沙面。然后挂挡、加足油门……在发动机的一阵轰鸣中，车子冲上了沙丘顶，在坡顶稍一减速看清坡下路况后，乘惯性顺势下坡，在下到坡下 2/3 全速冲出了这个沙丘。这一连串的动作需要的不仅是娴熟的驾驶技术和良好的心理素质，还要能够对沙面、沙丘大小甚至沙丘形态、沙丘类型等特性作出准确判断，需要丰富的经验积累。

两车稍做整顿，准备继续前进。然而就在这时，原来前面影影绰绰的 6 号车，看不见了。两个车相继用对讲机呼叫，可是没有回音，但他们的车辙还能找见。王继和研究员打开了卫星电话看了看，但发现电量不足了，就说："先用对讲机继续联系，沿车辙走，不到关键时刻，不能用对卫星电话"。

经过一阵等待和联系，未果后，我们选择跟着车辙继续前进。

大约行进了 20 分钟。对讲机里突然传来唐进年研究员的声音："2 号车，2 号车，你们走错了方向，请原路返回，原路返回！"这时，我们才注意到，前面已看不到车辙，我们跟丢了 6 号车的车辙。与此同时，小魏师傅发现了左

后方 6 号车的车灯和手电筒的闪烁指示。原来，他们已经走到我们左后方的一个高点，看到我们走错了方向，及时给了我们一个"航标"。我们调转车头，向着灯光驶去。

翻越沟谷

根据 GPS 显示，我们距离营地的直线距离还有 5 千米左右。但地形变化更为复杂，沙丘也越来越高大，最后还要越过小泉沟尾闾的沟道，实际行车距离超过 10 千米。

实际行进了大约 5 千米之后，6 号车报告已准确找到了早晨来时翻越沟道的地点。当我们隐约看见沟道后，三辆车都停下来进行休整，为走完今天的最后一段路，迈过今天的最后一道坎做准备。这时，我才意识到，自中午 12 点半大家每人吃了一分自热食品后，到现在已整整 9 个多小时粒米未进了！也许是因为翻过这个沟就能回到营地，喝口热茶，吃个泡面，大家谁也没有心思再吃东西，只是下车舒展一下筋骨，探讨了一下路线，放松了一下心情，为接下来的行程积蓄力量。四周依然一片漆黑，沿着车灯隐现起伏的沙丘延伸向黑暗的深处。

休息 5 分钟后出发。王继和队长用对讲机提醒"6 号车先行"，后面的车保持车距。6 号车下了沟坡 2 分钟后，2 号、10 号相继出发。这里的沟坡也是被沙粒覆盖着，形成一个个的沙丘连接着延伸到沟底。由于前面沙丘的阻挡，我们的车下沟坡时，已经看不到 6 号车了。车子缓缓向沟底蜿蜒前进。快到沟底时，小魏师傅加大油门向着对面一个高坡发起冲击，试图借下坡的惯性爬到对面的高坡之上。在爬到高坡的三分之二时，小魏师傅迅速换挡、调头、右打方向，侧着车身向上方的陡坡冲刺。由于初始冲刺的角度太正，沙坡坡度太大（接近 40 度），当车子上到 3/4 时坡就没有力量了。此时的坡度已经快达到车子最大爬坡度，如果在坡顶部停滞、处理不当，极易发生翻车事故。幸亏小魏师傅经验丰富，手疾眼快的他乘着车子力量将尽、车速未减之时，急忙向右下打了个侧方向，从沙丘中上部横着冲下去，又从相连的另一沙丘斜冲了上去。这次一气呵成，成功冲上坡顶。

然而，坡顶是一片平坦的沙地，看不见任何踪迹！又失去了 6 号车的踪迹。此时，他们也正在道中探索前进，所以，并不知道我们的状况也不能进行提示。

这时我们都意识到"方向反了！"，本来我们就不该上坡顶，而是从沙丘左侧半坡绕过，然后从一个较平坦的地方穿过沟道。其实在小魏师傅打侧方向时，我们似乎感觉到方向不对，但在车子爬坡紧要的关头，谁也不能干扰他。日常探讨问题，可以随时发表各自的意见，提出疑问，但在紧要关头和决策时，干扰意见越少越好，尤其是对于沙地行车。这是沙漠考察中的一个默契，也是大家认同的一个潜原则。

当我们重新调整方向准备再次越过这个沙丘时，6号车已经到了左前方沟道对面，10号车也冲上了沙丘左侧。

越过沟道后不久，小魏师傅就看见了临时营地的灯光。忽隐忽现的灯光在车前方闪烁。虽然在茫茫沙海中，这点灯光如同萤火，但在我们心中，却如同灯塔，立刻抚去了我心中的焦虑与担忧。一股闯过艰难险阻的豪迈，更有一种回家的温暖同时涌上心头。

我仿佛看到了营地里队友们关切的眼神，听到了他们祝贺胜利归来的掌声。

中篇
沙海拾贝

10

词二首

吴 波

博士、研究员、博士生导师。中国林业科学研究院荒漠化研究所。主要从事荒漠生态学和荒漠化防治研究。

水调歌头·库姆塔格沙漠科学考察

大漠亘古寂，今朝展宏颜①。

踏遍千丘万壑，科考谱新篇。

到处沙涛汹涌，罕有人迹草木②，野驼筑乐园③。

净夜游星空，不知在人间。

沙暴骤，骄阳烈，越沙山④。

三十万里，纵横驰骋笑荒原⑤。

不管世事变幻，曾经沧海桑田，莫道行路难。

沙海应无涯，无悔终不还⑥。

① 库姆塔格沙漠在我国八大沙漠中排名第六，是此前八大沙漠中唯一没有进行过综合科学考察的沙漠。

② 库姆塔格沙漠气候极端干旱，沙漠内部人迹罕至，几乎寸草不生。

③ 野骆驼学名又叫野生双峰驼或双峰野骆驼，是现代家骆驼的祖先。过去野骆驼在整个北

方地区都有分布，最远可到黑龙江流域，但是目前只在中国新疆东部和甘肃西部的沙漠、戈壁地区以及与之接壤的蒙古国大戈壁地区有分布，种群数量只有 1000 峰左右，比野生大熊猫的种群数量还少。库姆塔格沙漠及其周边地区荒无人烟，生活着大约 400 ～ 500 峰野骆驼，成为野骆驼的乐园。

④库姆塔格沙漠内遍布沙丘，沙漠南部实测最高的沙丘高达 360 多米，被称为沙山。另，"库姆塔格"是维吾尔语，意为"沙山"。

⑤ 2007 至 2009 年间，科考队共进行了两次综合考察、20 多次学科组调查，总行程约 15 万千米。2007 年 9 月，科考队第一次实现库姆塔格沙漠南北穿越。

⑥ 1980 年 6 月 17 日，彭加木率队考察罗布泊过程中，在库姆塔格沙漠附近失踪，为科考献身，也为罗布泊和库姆塔格沙漠平添神秘。

满江红·戈壁行①

胸怀凌云，秋风烈，玉门飞越②。
望不尽，大漠接天，万类萧歇。
山川之间展画卷，风水为笔雕世界③。
山叠嶂，海陆遥相隔④，沙尘虐⑤。

砾石披，风如铁，霸王刺⑥，天山雪⑦。
踏荆棘，求索自然秘诀⑧。
狂风烈日铸雄心，征足叩醒千秋月。
待来日，走遍西天路，谱新阕。

①戈壁是蒙古语，又称砾漠，是荒漠的一种重要类型，意指干旱区覆盖砾石的平坦区域。2011 年 10 月 11 ～ 23 日，中国林业科学研究院组织了第一次中国黑戈壁科学考察，32 名科考队员从敦煌出发，经哈密、马鬃山、黑鹰山、居延海，到达酒泉，总行程约 3300 千米。库姆塔格沙漠地区是本次考察的重要区域。

②玉门关位于敦煌市西北的戈壁滩上，是汉长城上的重要关隘，科考队从敦煌出发，途径玉门关进入嘎顺戈壁。

③戈壁主要分布在山前洪积扇和洪积、冲积平原上，风蚀和水蚀是塑造戈壁的两种主要外营力。

④戈壁位于干旱的内陆地区，距海遥远，来自海洋的水汽难以到达，因此降水稀少，年降水量在 200 毫米以下，有的区域甚至不足 20 毫米。

⑤戈壁虽然广布砾石，但是由于气候干旱，风蚀、水蚀作用强烈，地表物质中含有大量沙

尘，因此戈壁也是沙尘暴的重要尘源区之一。

⑥霸王是蒺藜科霸王属植物，是戈壁上分布的荒漠植被的主要建群种。霸王是旱生灌木，枝条上生长有坚硬的枝刺，行走或采样时稍不留意，会被刺伤。。

⑦哈密地处天山尾部，东天山余脉由西向东横贯哈密全境，将哈密分为南、北两个封闭式盆地，南为哈密盆地，北为巴里坤盆地。深秋时节，站在哈密盆地的戈壁滩上北望天山，白雪皑皑，蔚为壮观。

⑧中国戈壁面积约 66 万平方千米。但是，过去对戈壁没有开展过系统的调查，亟待对戈壁的分布、类型、成因、动植物种类与分布等进行深入系统的考察和研究，因此戈壁科学考察任重道远。

俯　冲

11

寂静的飞翔

杨浪涛

中国国家地理杂志社编辑部主任。现任中国国家地理新媒体副总编。

在我的印象中，沙漠就是连绵不断的沙丘，一脚踩上去，松软的沙子会流下来，会盖住脚踝。

库姆塔格不一样。在靠近罗布泊的沙漠北缘，地面有一层硬壳。我们的越野车以 100 千米的时速飞驰，沙沙的车轮声让我们感觉不像是沙漠越野，倒像是在赛车场上狂奔。

给我们开车的张金元师傅来自内蒙古，他在巴丹吉林沙漠一家旅行社工作，每天的工作内容就是开车载着游客在高大的沙山上来回穿梭。

"所有的游客都很喜欢那种失重的感觉，如同小船在大海的波涛里穿行，因此大家都愿意花 200 块跟着我跑上半个小时。"张师傅对自己的工作充满自豪，"如果在这里也开展旅游的话，我相信 400 块也有人来玩。这里的感觉太像赛车了。"

坐在一边的屈建军不同意他的说法，"平坦的地形只占沙漠的很小一部分。如果你深入库姆塔格腹地，仍然是高大的沙丘。"

屈建军是中国科学院寒区旱区环境与工程研究所的研究员，早年以研究鸣沙现象而出名。鸣沙山位于敦煌城南 5 千米，这个山即使在风平沙静时，也可以听到管弦丝竹之音。100 多年来，许多人慕名而来，试图揭开鸣沙现象的

奥秘，但无一成功。屈建军通过电子显微镜发现，鸣沙颗粒与普通沙粒相比，其表面上有许多蜂窝状小孔，当鸣沙颗粒相互摩擦时，细小的声音被这些具有共鸣作用的小孔放大，人们就能够听到悦耳的声音。

近年来，屈建军迷上了库姆塔格的羽毛状沙丘。"我的老师朱震达命名了这种沙丘形态，但他并没有进入沙漠，而是从航片上发现的。"

根据屈建军的研究，羽毛状沙丘的命名来源于澳大利亚的一处沙漠，但那里没有库姆塔格典型，面积也要小一些。2000 年，他第一次来到库姆塔格，就被这里羽毛状沙丘的宏大规模和优美形态所震撼。通过遥感影像和实地调查，他发现在 2 万多平方千米的沙漠中，最典型的大约有 1000 平方千米，而具有羽毛形态的则超过 4000 平方千米。

屈建军带我爬上一个高大的沙丘，在我的面前，一列列规则的沙垄自东北向西南方向平行展开，一直延伸到远方。"这些单个的新月形沙丘前后相连构成的沙垄就是'羽管'，而沙垄间明暗相间并具有一定高差的沙带就是'羽毛'。"屈建军回过身来自嘲似的笑了笑，"不过羽毛的形态在地面上是看不出来的，要形象还得看航片，或者飞在天上去看。"

对于羽毛状沙丘的形成机理，最重要的是弄清沙垄上的新月形沙丘是完全由风形成的还是下面有下伏地形。2001 年屈建军来库姆塔格时，带了一个地质雷达，由于探测深度只有 8 米，没有发现沙丘下面有砾石堆积体的存在。这次进沙漠，他干脆使用挖掘机，可挖了十几米，仍然和表面一样全是沙。站在挖出的断面旁，屈建军一脸的尘土，"我就不信找不到砾石，下次我要带一个更大的地质雷达，它可以探测到地下 20 米。"

"有没有其他方法可以看到沙丘下的下伏地形呢？"我问。

"那就要看是否有河流穿过这里了，"屈建军说，"大的河流可以下切很深，往往可以形成完整的剖面。"

两天以后，我们来到库姆塔格沙漠的西面，这里有一条自南向北贯穿沙漠的红柳沟。沟尾的河岸非常陡峭和狭窄，我们的越野车只好从沙漠里穿越，绕到红柳沟的中下部才下到河道里。

一般的河道通常是越到下游越宽阔，而沙漠里的河流由于蒸发和下渗，往往是越流越小，以至于消失。当我们来到红柳沟的中上部时，河道从下游的 2、3 米扩展到 80 多米。每年 5 ~ 7 月，来自南面阿尔金山的季节性洪水咆哮而下，年复一年，竟然在这沙漠腹地冲刷出一条长达 10 千米，深约 200 多米的峡谷。

这是一个 U 形峡谷，两边铁灰色的陡壁棱角分明，风格硬朗，非常具有质感。如果拍摄西部警匪片，这里应该是一个非常不错的外景地。

屈建军对这里却比较失望。虽然这里的剖面非常完整，但峡谷周围并不是羽毛状沙丘，也就是说这里的剖面对于解决他的沙丘下伏地形并没有帮助。

在峡谷的中部有一眼泉水出露，在茂盛的芦苇丛中。屈建军无精打采地洗着一脸的尘土，而旁边来自北京师范大学的严平则兴高采烈地取水样，测流速，忙得不亦乐乎。

严平是水文专家，这次来库姆塔格就是为了弄清这里河流的状况。

"这眼泉水每小时的流量大约有 18 立方米，"严平黑红的脸膛漾着笑。他的一只裤腿总是高高地挽起来，好像随时准备趟过河流，"泉水应该来源于南边的阿尔金山，在沙漠里潜流几十千米后，再随着地层在这个大峡谷里流出地表。"

库姆塔格北低南高，海拔从 800 多米到 2600 米，历史上曾有十余条发源于阿尔金山的河流穿过沙漠汇集于罗布泊洼地。由于地质变迁和气候变化，近年来只有多坝沟、梭梭沟、红柳沟和小泉沟等少数几条河流有季节性洪水穿越沙漠。

"绝大多数河流都无法穿过库姆塔格，"严平说，"当它们成为强弩之末的时候，一般会在一个低洼的地方停留下来，形成季节性河流尾闾湖。库姆塔格沙漠的尾闾湖比较多，但一般多为干湖盆，有水保留下来的沙漠湖泊极少。"

测流速是严平所在水文组的常规动作，不过他们很乐意干这事

　　幸运的是，我们在梭梭沟附近发现了一大一小两个沙湖。它们隐藏在一处高大的沙丘后面，湖边长满茂盛的红柳和梭梭，洁白的水鸟在碧蓝的湖面上翻飞，一派生机勃勃的景象。

　　"其他地方的尾闾湖很快就干涸了，这里为什么能够保留下来呢？"我问。

　　严平对此也感到很惊奇。"根据我的观察，可能有两个原因。首先这里距阿尔金山很近，每年的季节性洪水补充比较充分，甚至还有地下潜流的存在，就跟红柳沟的泉水出露一样，使沙湖周边的地下水位能够保持在一个较高的水平上；另外一个可能，跟湖底的淤泥也有很大的关系。"

　　我走到湖边，发现湖底有一层厚厚的淤泥，用手捻捻，感觉非常细腻。这让我想起了西北干旱区老百姓用来蓄水的水窖。在宁夏西海固、甘肃定西等地区，由于非常缺水，所以几乎家家户户都挖有存水的水窖。水窖挖好之后，最重要的工作就是钉窖，用一种红黏土和成泥后在窖面上反复捶打，这样制作的水窖不但坚固耐用不易渗水，而且能够做到水质不腐清凉可口，保存数月乃至一年之久。

　　无论水窖多么完善，但首先得有水才行。远古时期，库姆塔格沙漠一带曾经存在面积很大的湖泊，它们很可能与西北部的罗布泊相连。但由于青藏高原隆升和环境变化，古疏勒河水系再也无法西流，逐渐退缩至现今的哈拉湖一带，而库姆塔格沙漠东北的大湖则由于失去水源的补充逐渐变成了盐沼和荒漠。

　　库姆塔格一年中最好的季节是 9 月，不太冷也不太热。当我穿着衬衣在盐沼上徒步前行挥汗如雨时，还能够记得早上抖抖索索穿上羽绒服的情形。

　　"想不到这里温差会这样大，"张怀清说，他来自中国林业科学研究院资源信息研究所，专业是遥感测绘，"不过，就是掉一层皮我也要去那个地方看一看。"

　　张怀清所说的那个地方是他绘制的遥感图上的一条红线，它与库姆塔格沙漠的西北边缘平齐。自东北向西南延伸 50 千米之后，与红柳沟和小泉沟的沟尾相交。

　　"如果我们能够确认那条红线是植物在遥感图上反映，那么就可以认为这是一条古河道。"张怀清说。

　　张怀清的判断没有错，因为在那条红线的两边都是位于古湖盆上的大片盐沼。有植物必须有水源，西北是广袤的罗布泊，水源只有可能来自从阿尔金山上下来的红柳沟和小泉沟。

　　红线以南的盐沼大约有 3 千米宽，远看如同翻耕过田地，待踏上去时才知坚硬如铁，脚步走过几乎不留痕迹。我们如同武林高手踩梅花桩一样在上面跳跃，而一旦掉到低洼处，就很可能被锋利的盐壳割伤脚踝。

不过结果却让人很欣慰。当我们踏上那条绿色走廊时，张怀清已经不再激动，激动的是来自中国林业科学研究院林业研究所的吴波。"那些梭梭长得太好了，"吴波的专业是荒漠生态，"肥得简直都认不出来了。"

在我们面前是一条宽约百米的绿色长廊，密密麻麻地长满了柽柳、芦苇和猪毛菜等荒漠植物。由于水分充足，所以长得格外繁茂。更令人激动的是，在这条绿带上，我们发现了层层叠叠的野骆驼粪便。

"有植物就会有动物，这应该是一条动物走廊，同时也是野骆驼的一条重要迁徙通道。"吴波说。

根据地形图判断，我们现在所处的位置正好在罗布泊的大耳朵边缘，而新疆的野骆驼保护区也涵盖了这一区域。罗布泊地区渺无人迹，具有适宜野骆驼生存的食物和水源，因而成为野骆驼的集中活动区域。

当今世界上尚存有 6 种骆驼，分布于南美的原驼和骆马是野生种，美洲驼和羊驼则为饲养，单峰驼和双峰驼产于非洲和亚洲，单峰驼只有饲养种，双峰驼绝大部分也是家畜，仅在中国新疆、甘肃和蒙古人民共和国境内有一小部分还处于野生状态。

根据地上的粪便判断，这段时间没有野骆驼在这个区域活动。我正在为无法看到野骆驼而遗憾时，旁边的向导马木利却说不用担心，在横穿沙漠时我们一定能够看到。

马木利以前是阿克塞县林业局的局长，曾经多次进入这个区域考察野骆驼。他说，野骆驼是极度濒危物种，现存 800 只左右，在中国主要分布于嘎顺戈壁、阿奇克谷地、阿尔金山北麓、塔克拉玛干沙漠东部及中蒙边境等地区。在库姆塔格沙漠周边，由于远离家骆驼活动区域，这里现存的 400 多头纯血统野生双峰驼具有极高的科学研究价值，因此早在 1986 年就建立了野骆驼自然保护区。

"说到野骆驼的保护，我不得不提到约翰·海尔，"马木利说，"他是英国作家，一个偶然的机会接触到野骆驼，从此就开始为成立野骆驼保护基金四处奔走，现在已经在罗布泊地区建立了 5 个保护站。70 多岁的人了，不在家安度晚年，还东奔西跑，真不容易。"

"那你今年多大呢？"我问。

"我嘛，还不到 60。"

"那也挺不容易的，这个年龄应该在家带孙子才有意思。"我开个玩笑。

"那是。"马木利笑起来，脸上深深的皱纹里泛着长期紫外线照射而特有的那种深棕色油光，"不过我喜欢野外，我一看见野生动物就抑制不住的激动。"

两天后在穿越沙漠时，我就体会到了马木利所说的那种激动。一大群野骆驼在我们毫无准备的情况下，突然从旁边的沙梁上冒了出来。这是一个家族，八大三小，不期而遇让它们很是惊慌。但由于小骆驼跑不快，所以整个驼队不得不以较慢的速度远离我们。在长焦镜头里，我甚至看清了它们那深棕色的眼睛和嘴上的白沫。

马木利说，这些骆驼应该是返回罗布泊的，天气渐冷，它们应该回到海拔较低、温度较高的地方去越冬。这是一段相对轻松的旅途。对野骆驼来说，最艰难的应该是每年5月的那次迁徙。由于罗布泊气温较高，产羔之后的野骆驼带着幼驼横穿库姆塔格前往地势较高的阿尔金山，这大约需要一个星期。幼驼由于脚底的角质层较薄，被砂砾磨穿之后再也无法行走，而母骆驼也不愿离去，如果此时再出现沙暴，它们就会全部死去。1994年，他在红水沟的一个河湾里，就发现了六头死去的野骆驼。

除了来自自然环境的严酷威胁，人类活动范围的扩大，对野骆驼的生存也产生了很大的影响。据统计，100年前，中国还有野骆驼10000多只，可到了上个世纪80年代，就只剩下2300只了，而现在的数量比大熊猫还要少。

野骆驼的减少，最直接的原因是当地居民以前有捕食野骆驼的传统。现在虽然被禁止猎杀，但在保护区内的非法采矿人仍然对野骆驼构成威胁。

沿着704公路，我们来到多坝沟乡。这是甘肃最靠近库姆塔格沙漠的人类定居点。引自阿尔金山的泉水奔流100千米后，在这里形成了一个沙漠边缘的绿洲。进入村中，一排排高大的杨树下是整齐的土坯民房，家家户户都有一个接收电视的锅盖，看得出这个地方比较富裕。

在村子西边，我们遇到一个放羊的老人。在与老人的攀谈中，我们知道这个村子有一百多户人家，以汉族为主，不过近年来有许多人举家出外打工，长住的也就六七十户。泉水流经村子的那道渠叫"709渠"，因为是1970年9月修建的，而村子外那条公路是1970年4月通车的，所以叫"704公路"。

沿着老人所指的路，我们踏上了前往西湖湿地的道路。这条路比704公路好不了多少，许多地方不是被洪水冲断，就是被流沙掩埋。两个小时后，我们终于进入湿地的边缘。

在西湖湿地中行进，不时可以看到废弃的烽火台，一般相距10千米，一直延伸到玉门关。这些都是当年戍守大海道的边关驿站。如今，商旅断绝，道路堙埋，再也难寻沿途"七城十万户"的繁华。

　　著名的疏勒河已经干涸了，河床中零星地点缀着几株沙生植物。如果不是有人提醒，没人会注意到这里就是几十年前的记载中还曾经波涛汹涌的疏勒河。翻上疏勒河岸，远远地可以看见小方盘古城，有学者认为，它就是汉时的玉门关。"羌笛何须怨杨柳，春风不度玉门关。"公元前 2 世纪，张骞出使西域就是经过的这个玉门关，当年汉武帝讨伐匈奴的几十万大军，也曾经通过这个关门进入漠北，以实现其"犯强汉者，虽远必诛"的豪言。

　　从小方盘古城沿疏勒河蜿蜒向西的汉长城屹立在盐沼旁，依稀还能让我们体会到当年紧张的战争气氛，而如今，城、墙，连同绵延的烽火台，都已荒废了。

　　曾经有一个科技记者历时一年，遍访全世界著名学者，问题只有一个：如果人类消失，那我们创造的这些文明能够存在多久。最后的答案是悲观的：10年后，所有的道路将长满野草；百年之后，高楼大厦将倒塌；500 年后，城市将不复存在；假如 1 万年后外星人访问地球，他们只会看到玻璃和塑料。

　　站在废弃的烽火台下，我感到人类的渺小。或许它已经屹立千年，但一切终将消失，还给荒野，不留任何痕迹。

浩瀚沙海

12

寻找母亲

王学全

博士、副研究员、硕士生导师。中国林业科学研究院荒漠化研究所。从事干旱区水文水资源研究。

题记 在阿尔金山脚下罗布泊东缘有个库姆塔格沙漠，她是我国八大沙漠中的第六大沙漠。1300多年前玄奘西行曾经描述此地上无飞鸟，下无走兽，复无水草。自20世纪初瑞典探险家斯文·赫定闯入罗布泊，它才逐渐为人所知。1980年，我国著名的科学家彭家木在那里进行科学考察失踪，给库姆塔格增添了几分神秘色彩。2007年9月我国科学家完成了对库姆塔格沙漠的首次综合科学考察。我有幸参加这次科学考察，谨以此为记献给队友们。

英俊的阿尔金小伙儿爱上了美丽的罗布泊姑娘，她们结婚的那天，新娘洁白的婚纱和新郎俊美的身材令所有在场的人惊叹和羡慕。

盛夏的阿尔金山草原繁花似锦，莺歌燕舞，鹅喉羚在追逐嬉戏，野骆驼一家在悠闲地散步。他们门前环绕着清澈的河流，山前的湖泊波光粼粼，人们在碧波上泛舟捕鱼，在茂密的胡杨林里狩猎，沐浴着大自然的恩赐。每天早晨，太阳刚刚爬上山头，家家户户的屋顶已经升起袅袅炊烟。吃完早饭，男人们骑着高头骏马、挥舞着皮鞭赶着牛羊出去吃草喝水，而妇女们则守在家中缝制衣服和下地耕种作物。

新郎和新娘在一起生活了很多年。阿尔金勤劳勇敢，白天打猎，晚上回到家里；罗布泊美丽贤惠，在家里纺布织衣，夏天的时候在门前小溪捕鱼。结婚后几年间，他们有了四个可爱的女儿。盛夏的夜晚，月光如银，女儿们常常围坐在罗布泊姑娘膝下，和妈妈一起仰望北方繁星点点，听妈妈唱歌，讲自己的家乡罗布泊和她童年的故事。那时罗布泊水面像镜子一样，在和煦的阳光下，小伙伴们乘舟而行，如仙女一般。小船的不远处几只野鸭在湖面上玩耍，鱼鸥及其他小鸟欢娱地歌唱着。

天有不测风云，在一次罗布泊新娘回娘家后，再没有能够回到阿尔金身边。原来，随着时间流逝，草原上另一个部落库姆塔格家族开始兴旺起来。对于阿尔金和罗布泊的联姻，库姆塔格家族一开始就反对和嫉妒，一方面是因为家族的历史恩怨，另一方面阿尔金和罗布泊的联姻意味着两大家族将长期统治整个草原。但库姆塔格家族一直没有找到报复的机会。

于是在罗布泊新娘回娘家后不久，库姆塔格想出了在罗布泊回娘家的路上，铺了一件有魔力的黄色袈裟，雄鹰在上面盘旋，狂风在上面怒吼，任何接近或想通过袈裟的人最终都会落得个尸骨难全。袈裟上恶鬼热风，只见堆堆白骨，片片羽毛，那是穿越者留下的唯一遗存。

魔力袈裟阻隔了骨肉亲情。罗布泊只能在千里之外仰望天空隐约看到阿尔金孤独的身影，阿尔金也只能请求北飞的大雁带去对罗布泊的问候，女儿呼唤妈妈的声音从遥远的天际传来。这样过去几百年，罗布泊从亭亭玉立的少女变成步履蹒跚的老妇，皱纹布满脸颊，眼泪哭干了，她思念丈夫和女儿的心一刻没有停止过。

自从罗布泊走后，阿尔金独自带着四个女儿，加上对妻子的思念，头发白了，牙齿掉了，家庭团圆的梦想始终萦绕在他的心头。现在四个女儿都已经长大成人，于是在一个月明星稀的晚上，他把四个女儿召集在自己床前，对她们说："我老了，腿脚也不好使了，与妈妈团圆的凤愿只能靠你们实现了，你们现在都已经长大成人，自己想办法通过黄色袈裟，寻找母亲与母亲团圆，送上我千年不变的思念，祝你们一路顺利。"

四个女儿离开父亲后，开始了她们各自漫长的寻母之路。

大女儿从小身体羸弱，一付弱不禁风的样子，但做事情很专注，离开大山后，经过不远的戈壁滩，除石开道，只可惜上天无眼，未到袈裟边，她已精疲力竭。戈壁滩留下了她斑斑血迹和道道伤痕，袈裟被她撕开了口子，可怜她一手拉着袈裟累死在袈裟边上，再也没有前行。

二女儿是个活泼调皮的丫头，离开父亲后不久，路上遇到了卡拉塔什塔

格家的小王子，她被小王子的美貌所吸引，与小王子相爱相恋，组成了自己的家庭，生了两位美丽漂亮的女儿，在袈裟边过上了安定幸福的生活。从此，袈裟边上多了两个美丽的姐妹湖。

三女儿最聪明，为了寻找母亲的理想，她想了很多方法，当她发现依靠自己的力量很难撕开黄色袈裟的时候，她召集了很多同行的姐妹一道，绕袈裟边寻找通道，功夫不负有心人，终于找到可以通过袈裟的通道，狂风没有阻止她们，雄鹰也被她们的气势吓跑。

四女儿身强力壮，她在父亲那里积蓄力量后，过戈壁，冲破袈裟。她是个幸运儿，没有遇到太大的艰难险阻。

俩女儿穿过袈裟后，她们被眼前的景象惊呆了。这里并不是她们想象中的母亲的家乡，没有了烟波浩渺、芦苇丛生的湖面，取而代之的是阿齐克干涸的土地和皲裂的盐壳，一堆一堆的白刺沙包好像座座坟墓，记录着数不清的生命渴死在这里。

母亲在哪里？

八一泉边守望的老人告诉她们说，从前一个衣服褴褛的老妇人，曾经来这里住过，她神志不清，飘忽不定，散开的头发在风中显得可怕，咋看就像一女巫在这寒夜里吓人。人们以为她疯了，没有谁知道她从哪里来，要到哪里去。

站在阿齐克谷地边缘，她们相信母亲一定会给她们留下点惦念。她们终于在这里发现了母亲的星星点点的遗迹。女儿看到了母亲裸露的胸膛，剥落的外衣露出肌肤筋骨。从那一道道肋骨的排列走向，看到沧海桑田的痕迹，分明感到母亲胸膛里面深藏的痛苦与无奈。

母亲用过的纺车还在，罗布麻在顽强的生长。她们来到阿齐克谷地干湖东岸最后一个雅丹土台跟前，底部有一圈一圈被水和风冲刷过的痕迹，说明这个土台曾在水和风中站立过。离土台不远的一个低洼处，胡杨树躺在沙地里，是母亲的脸型，满脸饱经沧桑的皱纹，眼窝深不可测，眼睛几乎已无法睁开，苍老得动人心魄。

母亲不愿瞑目，留下耳朵还活着，在聆听关于丈夫和女儿的消息，在聆听来自阿尔金山的消息，在述说一路走来的艰辛。

妈妈是从别处漂来的。她曾在罗布泊随水漂流了不知多少年，当湖水彻底干涸时，最终被搁浅在阿齐克谷地这片低洼处。她们听到了母亲的歌声仍然在山谷间回荡：

阿尔金山

　　我从塔里木河走来
　　那条鱼在水中欢快地游荡
　　夜晚我无法入睡
　　只因为想念你
　　我亲爱的丈夫和女儿

　　我从塔里木河走来
　　梧桐树在风中快乐地跳舞
　　女儿我多想到你身旁
　　只因为路遥遥
　　阿尔金山的月亮啊
　　带去我深深的祝福
　　我亲爱的丈夫和女儿
　　你们是我家乡最明亮的灯光……

　　此后过了多少年，每年雨季女儿们都要从遥远的阿尔金山来到阿齐克谷地看望母亲，以慰藉和唤醒母亲枯竭的心灵，她们相信母亲有一天会青春焕发，出现在她们面前。魔力袈裟上的每一条干河床记录着她们年复一年寻找母亲的足迹。

13

风沙地貌研究者的圣地

屈建军

博士、研究员、博士生导师。中国科学院寒区旱区环境与工程研究所沙漠与沙漠化研究室主任。九三学社中央委员、九三学社甘肃省副主委、甘肃省政协常委、《中国沙漠》编委、《中国水土保持科学》编委。主要从事风沙工程学和风沙地貌学研究。

    1989 年，我跟随凌裕泉先生在敦煌莫高窟进行"莫高窟顶风沙防治研究"。当时凌先生还在负责塔干石油公路防沙任务，敦煌防沙基本上是我按照凌先生的安排去做的。

    记得 1990 年春天，我在兰州沙漠研究所院子里遇见朱震达先生。先生很关心地问我敦煌防沙情况，语重心长告诉我：你在敦煌，那儿离库姆塔格沙漠很近。库姆塔格沙漠形状像一个扫帚，很特别，目前研究程度很低。以前作为军事禁区不对外开放，甚至 1959 年的全国沙漠科考也没有把库姆塔格沙漠列入其中。尤其是对羽毛状沙丘的研究基本上处于空白状态，你应该好好研究。

    后来从所图书馆借到了由朱先生主编的《中国沙漠分布图》。从图上找到了库姆塔格沙漠。原来库姆塔格沙漠如此神奇，她那帚状形态很奇特，尤其是美丽的羽毛状沙丘深深地吸引住我。我开始收集国内外有关羽毛状沙丘的资料。后来在董光荣先生鼓励下，1998 年我荣幸申请到国家自然科学基金"库姆塔格沙漠羽毛状沙丘形成过程研究"项目。可以说是朱先生把我领进库姆塔格沙漠研究。

    但库姆塔格沙漠因彭加木先生的失踪、余纯顺的遇难，使人望而生畏！

    第一次去库姆塔格沙漠是 2000 年 8 月。库姆塔格沙漠神秘的羽毛状沙丘深深地吸引着我！当时天气特别炎热，库姆塔格像一个火焰山，烤得人很难受。沙子很干燥，车陷得很厉害！使人无法进入沙漠腹地，终未如愿，深感遗憾！

值得庆幸的是，由中国林业科学研究院卢琦研究员任首席的科技部项目"库姆塔格沙漠综合科学考察"得到批准，并邀请我参加科考，使我圆了全面认识库姆塔格的梦。

2007年9月，我们科考队从敦煌进入库姆塔格沙漠。队上邀请了常年从事沙漠探险、熟悉沙漠越野的内蒙古和甘肃司机。给我们开车的是内蒙古阿右旗的叶荣。他多年在巴丹吉林沙漠从事探险，车开得很好。他很理解研究人员，只要我们要求停车，他都会尽量满足，把车停在最近的取样地点。如果说这次考察的圆满成功，除了组织领导有方、全队团结外，司机的尽心尽力是十分重要的。这次科考，我深深感觉到库姆塔格沙漠是名副其实的风沙地貌的博物馆、沙漠研究者的圣地。

首先映入我们眼帘的是库姆塔格沙漠似一把羽毛扇盖在了阿尔金山前的倾斜洪积平原上。倾斜洪积平原西南高而东北低。沙漠南缘受北东—南西向构造控制，南面沙子覆盖在基岩山地上。风沙地貌由北向南阶梯状分布，北低南高。由于阶梯面受构造运动的影响，台阶因而又呈西南高而东北低。沙漠北缘，直而陡的台阶朝向阿奇克堑谷。堑谷具标准的地堑特征，发育着近代未被破坏的沉积物。地堑与罗布泊接近，生长芦苇、红柳、罗布麻等耐盐植被。其次是风沙地貌类型丰富。在库姆塔格沙漠一、二、三级台地上分别分布着羽毛状沙丘；宽阔平坦的平沙地、沙垄和格状沙丘；金字塔沙丘及复合型沙山。第三，沙漠中砾石覆盖丘、堤、碎石堆发育。湾窑以西100千米长、40千米宽的范围内，成片分布着砾石覆盖丘、砾石覆盖堤、碎石堆及零星巨砾。砾石

沿着山脊线堆积的沙子

岩石上布满风蚀穴

成分以花岗岩、石英岩、砾岩为主。这与卡拉塔什塔格、大红山、小红山的岩石成分一致。砾石后经风蚀、水蚀，形成奇异美丽的风化石。砾石直径一般10～15厘米，大的30厘米，砾石厚5～6米，砾石下部为风蚀沙。丘、堤一般高10米左右，低的2～3米，高的达30米。第四是沙漠中南北向深切沟谷发育。沙漠被数条南北向的深沟切割，沟深达百余米。由沟谷出露的沉积物来判断，这些大的沟谷在晚更新世早期形成，是研究沙漠形成演变的重要证据。

我最感兴趣的是神秘美丽的羽毛状沙丘形成机理。羽毛状沙丘是该沙漠最为独特的沙丘类型。在我国八大沙漠中，独有发育。羽毛状沙丘是纵向沙垄的一种变形。东北—西南向顺山坡向上延伸的沙垄组成了羽毛的羽管，平行排列横贯垄间低地的舌状沙埂组成羽毛，多列羽埂近乎平行排列，整个形态好似一把羽毛扇覆盖在了阿尔金山前的倾斜平原上。它分布于沙漠的北部边缘地区，海拔高度840～900米的台地上。整个沙漠有22条平行沙垄，沙垄一般高10～15米，最高达20米，沙垄背风坡坡度30°，迎风坡24°。沙垄由北东向南西方向延伸，垄长100千米，两垄之间600～800米宽，垄间是一条条平行的沙埂，沙埂和沙垄基本垂直，沙埂高2.0米，波状起伏。迎风坡4°，背风坡8°，沙埂与沙埂之间宽100米左右。我们初步推测羽毛状沙垄的羽管为纵向沙丘，是在东北和北风两种风向成锐角斜交的情况下，由新月形沙丘演变为纵向沙丘的过程。由于垄间谷地中间风速大，两侧风受沙垄的牵制，风速小而最终形成舌状的流动沙丘。

至今，关于库姆塔格沙漠羽毛状沙丘形成的一些机理仍存在着争议。随着2008年的深入考察、定点观测和风洞实验，有关羽毛状沙丘的形成机理的面纱一定会被揭开！

14

"80后"的科考随感

杨海龙

博士。毕业于中国林业科学研究院森林生态环境与保护研究所。主要从事野生动物保护研究。

2007年9月份我有幸参加了由中国林业科学研究院承担的库姆塔格沙漠综合科学考察。科考队由16家机构60多人组成，规模之大远超以往。在所有队员中我是年龄最小的一个，能有机会参加这么大的考察活动，的确让我很兴奋。结果兴奋过头，犯了一个不小的错误。临出发那天由于带的东西比较多，结果把测绘组让我帮忙携带的一幅遥感地图给落在了出租车上。幸亏这幅地图他们还留有备份，否则我就成了"罪人"了。

库姆塔格沙漠位于新疆与甘肃交界处，是我国八大沙漠中的第六大沙漠。由于气候、环境条件恶劣，是迄今为止唯一未经综合科考的沙漠。出发前，所有科考人员按照学科分为9个科考小组。我所在的组是由李迪强老师、张于光老师带领的动物考察小组。我们的任务主要是对考察地区的脊椎动物进行系统调查和多媒体信息采集；采集昆虫等节肢动物标本；采集动物粪便进行实验室分析；重点收集保护区生物多样性资料。

9月10日一早，大部队在敦煌市举行了一个简短的出发仪式，之后车队便踏上了通往沙漠的征程。浩浩荡荡的车队在路上排成一列，很是壮观，引得过往行人不住地回首。途中经过敦煌雅丹国家地质公园，见到了以前只在电视上看到过的"魔鬼城"——大规模的风蚀雅丹地貌。一座座巨型的土堆形态各异，状如城堡，见证着这片土地的历史变迁，给人一种很强的心灵上的震撼，让人不得不佩服大自然的鬼斧神工！透过车窗看着外边绵延不断的沙丘，想象要在这里待上十几天，不知道会碰到一些什么状况，心里充满了好奇与期待。汽车不知翻过了多少个沙丘，下午4点左右，我们的车终于赶到了此次考察的一号营地——北营地。已经有很多车先到达了，大家忙碌着整理行装，搭起了帐篷，还有不少考察组已经开始在附近展开了调查，一片忙碌的景象。这次考察总共设置了三个营地，一号营地计划待三到四天，然后沿南北方向穿越沙漠到达二号营地，最后一个营地设在离居民区很近的多坝沟。我们组搭好帐篷以后，也开始在附近作调查，看能不能找到一些动物。一号营地附近植被较少，所以动物也比较少。不过我们在一片柽柳和沙拐枣灌丛周围抓到几条蜥蜴和一些昆虫，还在附近见到了几种鸟，并拍了照。在这么恶劣的环境下，居然有这么多的植物和动物生存在这里，不能不说是个奇迹。晚上，等我们回来的时候已经开饭了，主食是羊肉面条。看别人都吃得津津有味，我可惨了，因为我不吃肉，而且羊肉的膻味很重。不过要是不吃就只能饿肚子了，没办法，只能硬着头皮上了。为了减少痛苦，三下五除二我就把一碗面条给送进了肚子里。仅仅是羊肉面条还没有问题，最惨的是有一天晚上回来，晚餐全是烤羊肉，我一看就彻底傻眼了。不过领导很细心，让厨房专门做了一碗鸡蛋汤给我，让我一阵感动啊！

　　我们动物组此次其实最想看到的就是野骆驼了，可是最初两天连个骆驼的影子也没瞧见。还好功夫不负有心人，第三天在红柳沟，我们终于见到了一只离群的野骆驼。一看见这只骆驼，我们大家都兴奋地从车座上跳了起来，赶紧准备相机拍照。不过野骆驼很警惕，一发现我们人，马上调头向沟里跑了。为了拍一些照片，取些粪样，我们开着车在沟里跟踪了很久，直到沟的尽头，野骆驼无路可走的时候，我们才有机会近距离拍了一些好的照片。有了这个好

采集昆虫标本

采集野骆驼粪便样品

的开始，后面的几天就比较顺利了。我们在沙漠北缘的白刺群落和芦苇群落中又抓到不少不同种类的蜥蜴，还看到了两条蛇，采集了十几种昆虫标本和一些骆驼、鹅喉羚的粪便样品。15号完成了一号营地的考察，开始向二号营地进发。途中我们看到了库姆塔格沙漠特有的"羽毛状沙丘"。不过身处其中，我们很难看出羽毛状的特点，只有通过航片或是卫片才能明显地分辨出一根根的"羽毛"。这一天是行程最远的一天，不过也是幸运的一天。路上我们遇到了两群野骆驼。一群离得比较远，正在翻越沙丘，7峰骆驼整整齐齐排成一列缓慢地行走，背景是望不到边的沙丘，构成了一幅极美的画面。可惜离得太远，相机拍不清楚。不过老天似乎不想让我们失望，很快我们就遇到了第二群骆驼。这群骆驼见到我们的车队，不向反方向逃跑，反倒向我们冲了过来。这么好的机会大家当然不会错过，几乎所有的照相机和摄像机的镜头都齐刷刷地对准了奔跑着的驼群，弥补了前两天没有看到野骆驼的队员的遗憾。

就在快到二号营地的时候，我们突然遭遇了沙尘暴。前面的半边天整个变成了黄色的，看起来离我们很远，不过没几分钟，整个沙尘暴就把我们包围了，周围一下暗了下来，能见度只有几十米。尽管我们把所有的车窗都关上了，但是细小的沙尘很快就透过缝隙飘了进来，我们的呼吸也变得越来越困难。还好我们很快就穿过了沙尘中心，又看到了明亮的天空。不过刚才的遭遇，让我们不禁感叹大自然的强大力量，也更加认识到了保护自然环境的重要。不知道是不是由于沙尘天气的影响，当天晚上紧跟着又下了一场雨，气温降到接近0℃，一晚上被冻醒好几次。沙漠中的昼夜温差极大，有时候能相差几十度。白天有太阳的时候热得要死，晚上又冷得要命。还好我们的准备比较充分，来的时候带了足够的装备，足以应付这种恶劣的天气状况。

二号营地位于沙漠的南缘，植被与一号营地相比较好，所以动物种类也比较多，也是这次我们动物组调查的重点地区。在沙漠边缘的梭梭、膜果麻黄和沙拐枣群落，我们先后看到了沙狐、野兔、沙鼠、鹅喉羚和多种鸟类，而且又多次看到了成群的野骆驼，还捕捉到很多在一号营地没有发现的昆虫。期间，敦煌市派了专人来慰问我们，还带来两只羊和大量的生活用品，给了我们科考队很大的支持。9月20号，我们结束了二号营地的调查，驱车赶往了此次考察的最后一个营地——多坝沟。听向导说三号营地有干净的水源，这让已经10天没有洗脸的队员们兴奋不已。几个小时后到达了目的地，果然在我们的营地旁边就是一条引水渠。水是阿尔金山上的雪融化以后流下来的，尽管冰冷刺骨，但是也没能阻挡大家。一卸完车，几乎所有的人都集中到了水渠边上，洗脸的、洗衣服的、洗车的，甚至还有洗澡的。当时大家就一个感觉——

篝火生日晚会

有水真好啊！对于每天一打开水龙头就能接到自来水的人们，是无论如何也体会不到当时我们的那种心情的。三号营地的调查较快，23 号就结束了所有科考行动赶回了敦煌市。至此，所有的野外考察活动画上了圆满的句号。

总的来说，此次库姆塔格沙漠的综合考察是很成功的。我们动物组在调查中共发现了 40 余种昆虫、10 余种鸟类，对野骆驼在沙漠中的分布状况有了一定的了解，并且采集了大量的粪样以便下一步做遗传方面的分析。其他各组也都顺利完成了考察任务。这些天，跟各个学科的专家们在一起，耳濡目染，了解了很多我们学科以外的知识，眼界也开阔了许多，而且学到了很多在学校永远学不到的东西，收获真的是很大。尽管此次科考取得了一定的成果，但是对于整个沙漠的了解才仅仅是个开始，神秘的库姆塔格沙漠还有待我们慢慢去揭开它的面纱。

15

春风远度玉门关　西出阳关有新人
——记库姆塔格沙漠科考第一天

董治宝

博士、研究员、博士生导师。中国科学院沙漠与沙漠化重点实验室常务副主任。联合国《荒漠化防治公约》科学技术委员会独立专家；国际风沙科学学会发起人之一，首届副主席；国际减轻旱灾风险中心技术委员会委员。"新世纪百千万人才工程"国家级人选，享受政府特殊津贴专家。主要从事风沙物理和风沙地貌学研究。

　　自 20 世纪 50 年代新中国发出"向沙漠进军"的口号以来，中国从事沙漠科学的工作者，或称中国沙漠人（Chinese Desert People，CDP）的足迹已遍及中国北方的各大沙漠，完成了综合科学考察，而唯独未对库姆塔格沙漠进行综合科考。陈舜瑶曾在《沙都散记》中将中国沙漠人划分为五代，我们这些改革开放以后步入沙漠研究行列者被列为第五代沙漠人。对库姆塔格沙漠进行综合科学考察的历史使命，终于落到了我们第五代沙漠人肩上。

　　进入库姆塔格沙漠，要西出阳关和玉门关。自古以来，西出阳关，要在敦煌壮行。唐代诗人王维在《渭城曲》中的"劝君更尽一杯酒，西出阳关无故人"，表达了壮行的祝愿与期盼。我虽然经常去沙漠工作，进出沙漠早成家常便饭，但 2007 年 9 月 10 日上午在敦煌市政府广场举行的库姆塔格沙漠综合科学考察的出发仪式，激起了我更强烈的使命感。接过科考队队旗，在数百人的集会上庄严宣誓，在我还是第一次。尤其是在中国林业科学研究院蔡登谷研究员的"报告总指挥，库姆塔格沙漠综合科学考察队准备完毕，整装待发，请指示！"和张守攻院长的"出发"令之后，更有"黄沙百战穿金甲，不破楼兰终不还"，背水一战的豪情壮志。

　　我们充满信心，敢于背水一战，首先要归功于科学技术的进步和我国国力的增强。在当今科技高度发达的时代，我们有沙漠车、卫星电话、GPS 导航等先进装备和保障条件，让我们面对库姆塔格沙漠综合科学考察可以游刃有余。遥想当年，像库姆塔格沙漠这种"羌笛何须怨杨柳，春风不度玉门关"的荒凉境地就意味生命禁区。即使是在 20 世纪 80 年代，著名科学家彭加木也在库姆塔格北部的库木库都克不幸失踪。此次科考队制定的万无一失的救援方案和伙食、医疗等有力的后勤保障，更消除了科考队员的后顾之忧。

科考队出发后的第一站是玉门关和汉长城。玉门关城堡内偶尔可以发现的箭头，让我想起电视剧《汉武大帝》，耳边响起两千年前汉代战车的滚动声，刀剑、铠甲和盾牌的铿锵撞击声和张弓射箭的嗖嗖声。而脚下的柏油路，又使我联想起这里曾是丝绸之路的通道。从敦煌到楼兰，沿着这条丝绸之路，邮差的坐骑晃动着脖上的响铃，捎来了中原大地的信息。商队的驼铃是那样的清晰，骆驼的脚步是那样的稳健！他们满载着华丽的丝绸，眼中闪烁着快乐的光彩。今天，一支由来自我国不同科研单位、由 61 名科考队员（蔡登谷院长称"六十一勇士"）组成的科考队，乘着 18 辆沙漠车浩浩荡荡挺进这条丝路古道。柏油路边由钢筋混凝土制成的里程碑，不到 5 年就被戈壁风沙流打磨得面目皆非，有的甚至一半以上被磨蚀掉。而 2000 年前的烽火台和汉长城依然矗立在那里，安然无恙。我把汉长城的抗风蚀能力归功于其中的芦苇加筋。为了验证，我已设计了风洞模拟试验。

测风站

　　午餐在三垄沙雅丹地貌边上，昔日的魔鬼城，现在的雅丹地质公园，吃的是海军单兵自热食品。这是我第一次接触这种产品，有些好奇。所以，科考结束后，带回一盒给 12 岁的儿子。儿子尝试后，问我一个问题：加入的是凉水，而饭怎么会变热呢？我的回答是"现代科学技术"。是的，我们现代的科考的确要感谢现代科学技术。午餐中最忙碌的是前线总指挥蔡登谷。他是一位完美的环保主义者，要求我们在沙漠中科考，除了脚印，再什么都不能留下。所以，他要将吃饭产生的垃圾全部收集，装入纸箱，运回敦煌集中处理。在人类无处不到的今天，南极、北极、青藏高原、沙漠等以往的无人区，如今也开始出现环境污染。保护环境当然要从我做起。

　　午餐后，顺三垄沙雅丹的西边进入库姆塔格沙漠东北，约三个小时后抵达一号大本营。下午 4 点，时间尚早，科考队员们根据各自的兴趣，在沙丘上观测、取样。库姆塔格沙漠综合科学考察拉开了序幕。

16

库姆塔格，
我科考生涯的又一新起点

鹿化煜

博士、长江学者特聘教授。南京大学。主要从事地表过程与气候环境变化的教学和研究。

激动人心的 2007 年库姆塔格沙漠综合科学考察已经过去一段时间了，但是，野外考察的事事物物还历历在目。那一望无际的戈壁滩、高大的沙丘、火热的骄阳、迅猛的沙尘暴、繁烁的夜空，以及在极端干旱环境下生存的野骆驼……都留在了我的脑海中。更不能令人忘记的，是这次野外考察活动中的高效组织、团队协作、科学发现和领导关怀，将会铭记在我的心中，成为我们以后工作可借鉴的宝贵经验和财富。

组织得当，保障有力

这次综合科学考察有六十多名队员，考察的区域是中国沙漠的最后一块未被涉足之地，气候恶劣，交通极其困难。考察前设计的路线常常要经过大沙丘、烂石滩和极破碎的地表地带。对这样一个庞大的考察队伍，在人迹罕至的沙漠里工作近半个月，后勤保障工作的难度是可想而知的。令我们惊讶的是，每天清晨从帐篷里出来，厨房的师傅已经为我们准备好了早餐：热气腾腾的稀饭和馒头、有滋有味的小菜，还常常配有营养丰富的牛奶、鸡蛋或香肠，早上肚子吃饱了，一天工作都有劲。离开营地要出去考察了，厨房师傅也准备好了午餐需要的干粮、自助食品和水等。下午考察回营地了，炊事员已经准备好了香喷喷的晚餐，或米饭炒菜、或面条汤饭。我们看到，在一个运输困难、漂移不定的临时厨房里，能够配备如此让大家满意的食物，后勤组织付出了多少辛劳！购买、运输、保存和烹饪都费了很多的心思。在沙漠里与外隔绝，但工作上的用品是不能少的，尤其是有些考察队员晚上要用电脑整理野外记录、处理数据等，管后勤的同志专门为大家准备了可用于电脑充电的发电机，考察队员每天考察完就可以使用电脑了；同时，还通过卫星通讯设备开通了网络与外界联系，有急事的考察队员可以随时随地获得外界的信息。更为可贵的是，我们在野外考察中需要的工具也都提前备齐了，整个考察过程中没有任何因工具缺乏而影响工作进程的事情发生过。考虑到沙漠风沙危害很大，后勤保障上还多带了照相机，使一些在沙漠里相机损坏的考察队员能够不影响工作。这些看起来点点滴滴的小事，在一无所有的沙漠里准备妥当是难能可贵的，而后勤保障方面都考虑到了，这些都是我进入沙漠工作之前没有想到的。

团结协作，知难而进

综合科学考察队的成员有教授、研究员、研究生，有记者、医生、司机、炊事员和当地的向导等，俨然一个小社会。在半个多月的考察中，大家团结协作，向共同的目标前进，没有看到任何分歧的事情发生，这是令人难忘的。在戈壁滩和坚硬的盐壳上行车非常困难，有时候为了达到一个考察点，需要通过很难通行的地方，尤其是在地面凹凸不平、石块横七竖八、沟渠纵横的区域，会对汽车轮胎和车体有很大的损伤。在这种时候，司机师傅从未有退缩的情绪，通常是想办法通过，到达目的地。有时候科考人员考虑到道路的艰难，要求下车走过去，而司机师傅们常常想办法随后绕道来接大家，尽量让科考人员少在沙地上走路。尤其是在考察中间的大穿越行动中，向导、司机和考察队员同心协力、以巨大的勇气和对工作精益求精的精神，克服重重困难，冒着狂风和沙尘暴，在常人难以穿越的沙漠腹地压出了一条南北通行之路，胜利地完成了沙漠穿越和科考营地转移的任务，成为这次考察活动的又一壮举。

学科交叉，多样发现

这次科学考察的另一个特点是学科齐全，有地质学、地理学、气象气候学、植物学、动物学、地图学以及人文社会科学等科研人员，几乎覆盖了现代地球系统科学的主要方面。植物学家告诉我们胡杨、红柳的特征和生境；动物学家告诉我们野骆驼的习性，地质学家告诉大家如何从沉积地层中看出库姆塔格沙漠沧海桑田的变化，地理学家告诉大家沙丘是如何移动的和沙尘颗粒是如何被吹起来的；气象学家告诉我们如何看云识天气；而人文社会学家则告诉大家这里的社会经济发展状况。尽管环境很艰苦，临近的阿克塞哈萨克族自治县依然有一万多人口，世世代代生栖在这片土地上，社会经济也成为这次野外考察的一个方面。因为学科交叉，更因为人迹罕至，时间不长的科学考察成果累累，有众多的发现：干河谷、泉眼、多种动植物、沉积地层、典型地貌、极端气候等等，获得了大量的第一手数据。在进入沙漠之前，我们不知道里面是什么，也不知道能不能到达想去的地方。考察之后，我们知道了里面是什么，并到达了想去的地方。这不仅是科学的发现，也是对我们自身的挑战。成功了！

地质取样

领导关怀，地方重视

在沙漠里的时间不是很长，但严酷的环境使考察队员确实经历了考验：白天的高温、深夜的寒冷、狂风尘暴和难得的降雨。在沙漠里，我们唯一可以御寒和抗暑的只是一顶薄薄的帐篷，因而任何的天气变化都会被明显感受到。在我们科考的日子里，白天是火辣辣的烈日，遇到刮风天和阴天，后半夜的温度可降到0℃以下，加上干燥的空气、干裂的嘴唇和不能洗澡，这时候大家也感到条件的艰苦、工作的难做。在这些时候，我们常能收到大本营和北京的领导关怀的问候。在两次沙尘暴来临之前，北京的总部都提前把天气预报结果通知我们，让我们做好应对准备，并叮咛大家安全第一。同时，总部也通过各方协调，制定了三级应急预案，包括在特别紧急情况下启动空军救援部队等。后来才知道，每当沙尘暴来临的时候或通讯联系不畅的时候，后方的领导比我们还着急，商量对策、考虑解决方案、积极指挥。知道这些，使我们野外考察队员的心里热乎乎的，克服困难的信心更强了。在我们进入沙漠前和从沙漠里出来后，地方上都给予的积极协助和支持，尤其是在我们考察期间，敦煌市的主管副市长还带队深入沙漠慰问。迄今，他们带来的羊肉的香味还记忆犹新。

新的起点，新的目标

在过去近20年的时间里，我参加过多次的国内外科学考察。从沙漠到海洋，从贫瘠的黄土高原到富饶的长江三角洲，经历了野外工作的风风雨雨。而这次库姆塔格沙漠的科学考察还是使我感受到了特别之处，那就是：精心组织是考察成功的关键，团结协作是战胜困难的保证，学科交叉使收获成倍增大，领导关怀对激励士气有积极作用。

2007年库姆塔格沙漠综合野外科学考察结束了。但是，我们项目的研究工作刚刚开始，我们在野外共同工作中建立的友谊也仅仅是开始。这次野外考察积累的组织经验和获得的科学数据，都会成为我们以后工作的宝贵财富。我自己将把这次考察活动作为一个新的起点，树立远大的目标，为揭开库姆塔格沙漠的神秘面纱作出应有的贡献。

17

承载生命的驼道

丁 峰

研究员。甘肃省治沙研究所。主要从事荒漠化防治与监测方面的研究工作。

　　日前，笔者参加了"库姆塔格沙漠综合科学考察"，深入我国第六大沙漠——库姆塔格沙漠腹地，调查了该区域的地形地貌、沙丘形态、动植物资源等。这次考察的第三天，我们沿着沙漠西部红柳沟东侧一条不知名的干枯河床（后来被考察队命名为"小泉沟"）逆流而上，寻找是否存在流水切割出的沙漠下伏地层出露地头，用于观测研究沙漠区域古地理环境演变过程。其实，早在2004年至2006年的前期考察中，分别在沙漠南部的阿尔金山北麓、沙漠内部有幸三次遇到了我国一级保护动物野生双峰驼（又称野骆驼）。这条河床也是野骆驼经常出没的地区，希望能再次见到这一珍稀濒危物种。

　　野生双峰驼是世界上唯一现存的野生骆驼，最早是1887年俄国普热瓦尔斯基在亚洲中部探险中发现的。目前该物种仅存在于我国的塔克拉玛干沙漠东部、阿尔金山北麓、罗布泊地区嘎顺戈壁和中蒙边境与蒙古西部外阿尔泰戈壁。我国估计总数只有730～880峰，数量比大熊猫还要少。目前，野生双峰驼已被国际自然保护联盟（IUCN）从濒危物种提升为极濒危物种。我国也建立了"新疆罗布泊野骆驼国家级自然保护区""甘肃安南坝野骆驼国家级自然保护区""甘肃敦煌西湖国家级自然保护区"等自然保护区，加强对野生双峰驼的保护。

　　我们沿着干河床逆流而上。刚开始时，沟口较窄，沟两侧有2米多高且陡直，如不是沟岸两侧坍塌区和滑落的沙丘，进入小泉沟是很困难的。行进10多千米后，河床逐渐加宽，从入沟的5～6米逐渐拓展到30～50米，沟岸的高度也增高到50～60米。干涸的河床上基本没有什么植被分布，只有在稍平缓的河谷坡脚上稀稀拉拉地生长着极耐干旱的一年生短命植物刺沙蓬。顺沟再前进20多千米，河床骤然变窄，沟两侧是陡直的丹霞石柱，在沙漠地区极其罕见，分布长度可达5千米。

　　穿过这段石林组成的沟谷后，小泉沟再次变宽，沟岸的相对高度可达百米，坡度在20°～30°之间。就在这陡直的斜坡上，一条条亮白色的宽度约四五十厘米的小道倾斜交叉地分布其上。在这里，人类的足迹是不可能的，唯一解释就是"兽道"。在我们下车进行观测分析后确认，这一条条的兽道就是国家一级保护动物野骆驼留下的专用通道——"驼道"。考察队员们因这一发现变得异常兴奋起来，或许在前方不远处就能碰上野骆驼呢！我们一边对驼道及驼印进行必要的科学观测，一边讨论着这些可爱的精灵们是如此聪明地斜向交叉开辟道路，使其坡度从30°下降到10°。沿着驼道，踩着野骆驼蹄印很轻松地爬到了沟沿。沟岸上两侧有60～400米宽的平坦沙地，分布有稀疏的梭梭树和许多不知名的藜科及禾本科植物。这儿海拔已经从入口的920多米爬升到1400多米，距离阿尔金山山脚直线不足20千米。为什么野骆驼在如此陡峭的沟坡上上下移动？最初的猜想是野骆驼通过穿行这些驼道，在沟岸两侧移动采食。随着顺沟上行2千米后，我们发现了流水。水源是从沟东岸一条地质断裂带渗漏而出，形成一处泉水，日出水量测算有200立方米。水流下泻不足5千米就消失在这干涸的河床里。此处泉水总盐量为2.52克／升，pH值为8.5，水质大大优于此前发现的罗布泊以北、嘎顺戈壁野骆驼分布区的水源。泉眼周围生长有茂密的芦苇，面积有上百平方米，有动物的粪便和野骆驼足迹，表明这儿是野骆驼一个重要的水源地。此处泉眼距西北罗布泊洼地及阿奇克堑谷不足40千米，离东南阿尔金山山前戈壁及山脚不足20千米。以此泉眼为中心，一年四季方圆60千米范围内的野骆驼基本都在此饮水，特别是冬春季节。结合野骆驼分布区域和周边各野骆驼自然保护区观察的数量估算，在此饮水的野骆驼数量可达160多峰。泉水点及以上河床两侧均为陡峭石壁，循游而上不足1千米即为高六七十米的基岩跌水坎。我们猛然明白，分布于泉水下游五六千米沟坡上的上百条驼道，不是为穿越小泉沟两岸采食通行的，而是周边区域活动的野骆驼到此泉水点喝水的必经之路。它承载的不仅仅是野骆驼行进的宽大厚实的驼掌，更重要的是它承载了这濒临灭绝的物种的延续，是真正意义上的

驼道

阿齐克谷地的驼道

"生命驼道"！

　　由于是9月，野骆驼采食的植物含有较多的水分，减少了饮水的次数，加上我们在小泉沟工作了短短的3天时间，并没有遇到极其警觉的野骆驼群，些许有些遗憾。

18

可敬可爱的董老师

岳　健

博士、助理研究员。中国科学院新疆生态与地理研究所。主要从事地貌及遥感与 GIS 制图研究。

　　从沙漠回来已经有一个多月了。这些天，我每天都在收看中央电视台科教频道关于 2007 年中国科学院可可西里野外科考的报道。其实，这除了因为专业的兴趣之外，更多的是因为每每看到节目里那些身穿红色户外运动服在野外工作的科考队员的画面，总让我一次次回想起自己跟队友们在库姆塔格沙漠里工作的那些短暂而难忘的日子，回想起那些在沙漠里一起同甘共苦十多天的可亲可敬的老师和队友，也总让我一次次沉浸在兴奋、感动和留恋的情绪之中……

　　董治宝老师，中国科学院寒区旱区环境与工程研究所研究员，是本次库姆塔格沙漠综合科考队二队队长兼地貌组组长。本来，这次科考原定是由我的导师参加的，可是到了出发日期临近的时候，导师突然有别的任务而无法前来，只好临时由我顶替他参加。这样，我才有幸见到了久仰大名的董老师。董老师是沙漠研究方面很有名的一位专家，在见到他以前，以及见到他以后，我都一直以为他是一位年纪比较大的老师。没想到我所在的土壤组组长告诉我说，董老师其实只比我们大两三岁。我有点不敢相信，以为自己听错了，就又在队员名册上专门查了一下董老师的身份证号，果真如此！看来，也许是因为长期跟沙漠打交道，经受沙漠风沙和烈日的洗礼，才使得董老师看起来比同年龄的人要苍老许多吧。

临行前，导师曾告诉我要多看多问。我很庆幸我所在的科考二队的队长是自己十分景仰的董老师，这将使得我能够有机会经常向董老师讨教。对我来说，像这样近距离地接触、了解和体验沙漠，还是生平头一次，所以关于沙漠的疑问也就尤其的多。在进驻沙漠营地以前，我也曾担心董老师会不会不容易接触。然而这种担心是多余的。进入沙漠以后，我很快就发现董老师是个非常随和、平易近人的人。对于我和其他队员的提问，他总是不厌其烦、耐心地予以解答。我深知，我们的一些问题，在这位沙漠专家的眼里，很可能是很低级、甚至是幼稚的。但是他却从来没有摆出一副高高在上的学究架势来敷衍或是不屑回答，而总是很谦虚诚恳地、语气平和地、甚至是以一种平等地与大家共同探讨的姿态来给大家认真解答。在沙漠的十多天里，我几乎每天都能有机会听到董老师在沙漠各处的现场"授课"，真的让我感觉收获良多。现在想起来，每次当车队停下来，大家围在董老师周围听他讲解沙漠知识的时候，那可真是一种难得的享受啊！

我们科考二队随着董老师在沙漠周边一共架设了四台自动测风观测仪器。这些仪器利用太阳能，把观测数据记录并储存起来，一年后数据存满时再派人去将数据拷出。这些仪器记录的将是十分珍贵的第一手原始气象资料，是董老师他们顺利开展后续科研工作的重要基础和前提。虽然库姆塔格沙漠总体上仍属于人迹罕至的地方，但是随着近些年野外探险旅游热的兴起，石油、地矿等部门在这一区域活动的相对增加，再加上一些其他可能存在的不确定因素，自动测风仪器能否安全运行，就成了一个让大家十分牵挂的问题。董老师更是如此。9月21日下午，我们架完了最后一台测风仪后，回到了位于多坝沟村南戈壁上的三号营地。在营地大帐旁休息时，董老师从大帐里要来了一瓶酒。在与其他科考队员的说笑当中，他开始郑重其事地对天、对地敬起酒来，他祈求老天保佑他那些仪器平安无事，千万不要遭到人为的破坏。最后，他还把一些酒郑重地洒在了地上。看着董老师那认真祈祷的样子，真是可爱极了，让坐在一旁观看的我也不由得从心底里祝愿他的愿望能够圆满实现！

9月22日一大早，我们开始拔营回敦煌了。在翻越多坝沟村北的一个山隘时，由于坡度较陡，路面上又有些积沙，车辆需要放掉一些气才能爬上隘口。在司机师傅们忙着给汽车放气、其他科考队员们下车步行走上隘口的这个当口，不知怎么，董老师和同在地貌组的屈建军老师"争吵"了起来。走过去一听，原来是因为两位老师在羽毛状沙丘的成因问题上意见不一致而发生了争执。董老师认为羽毛状沙丘主要是因为沙子的颜色不同所造成的，因此

董老师(前)和屈老师(中)在二号营地北侧的沙山顶上小憩

他认为库姆塔格沙漠的"羽毛状沙丘"并不是真正的羽毛状沙丘,而应该称作"假羽毛状沙丘"。而屈老师则坚持认为羽毛状沙丘是由不同走向和高度的沙丘排列所形成,并且他已经发表了相关的论文。两位老师都坚持自己的看法,互不相让。旁边其他的队员有支持董老师观点的,也有支持屈老师观点的,还有保持中立的,一时间场面好不热闹。看着董老师因为争执而略显发红的脸,我突然更加觉得董老师是个可爱又可敬的真性情的学者了。是啊,科学无止境,大多数时候真理的取得都是需要经过很多的争论和探索才能最终确立的啊。不盲从他人的观点,这是我从董老师身上看到的一个科学工作者的宝贵品质。

最近,我在互联网上又看到了关于董老师的消息。他在库姆塔格沙漠科考结束仅半个多月后,又加入了另一支科考队——由人民日报记者赵亚辉组织发起的"重走中国西北角单车横穿罗布泊科考行动"。这是一支只有一辆越野车和四名队员的科考队,全程预计将达 15 天左右,后勤保障条件显然远不能与我们九月份的库姆塔格沙漠科考队相比,其难度是可想而知的。我明白董老师此行是想尽可能多地取得一些野外考察第一手资料,为自己的后续科研工作打基础。他这种不知疲倦、不畏艰险、一心扑在科研工作上的精神不能不再一次令我肃然起敬。衷心祝愿他此次科考一路顺利、平安!

19

一次回营的路上

王振亭

理学博士、副研究员（考察时为兰州大学讲师）。中国科学院寒区旱区环境与工程研究所。主要从事软物质物理、环境流体力学、风沙物理、风沙地貌、治沙工程等方面的研究。

在沙漠最西端的临时营地住了两个晚上，9 月 13 日这天终于要返回大本营了。

与中国其他沙漠相比，库姆塔格沙漠长长的、规整的线形沙丘颇具特色。丘间地极其平整，队友们把它叫"天然高速公路"。返程的路线与这些线形沙丘的走向大致平行。不知是归心似箭，还是"天然高速公路"上没有交警、收费站、限速等，刚一出发，整个车队的行进速率就非常大，距离也拉开了。虽然途中集合了一次，但一道道新的车辙显示很多车已经从前面沙地上过去了。

考察完河流地貌，我们一行只剩下了两三辆车。地质组鹿化煜和苏志珠见多识广，对在下而言，这次考察是一个很好的学习机会。回到车上，三人仍然在热烈地讨论。不知不觉，外面已经骄阳似火，肚里咕咕乱叫。瞭望前面的车，没有丝毫停下用午餐的迹象。也许是后勤方面出现困难，或者今天没有额外的考察任务，反正我们车上没有专门带食品。搜吧，看看有啥可以吃的。

这次考察，队员们统一着装，三个人的上衣经常混。一般而言，口袋里有香烟的属于苏志珠，鹿化煜经常放一两个鸡蛋，小瓶白酒则在我的口袋里。有些事情是不能依靠常理来推断的。搜索的结果显示，鸡蛋被一包饼干取代，香烟旁边多了一小瓶二锅头，经常放白酒的口袋里除了该放的东西，竟然还有

多坝沟秋色

两瓣大蒜。与前几天分食鹿化煜的比利时巧克力一样，三人吃掉了也许是西班牙的饼干。鹿化煜一般不喝这样的烈酒，自然是苏志珠我们俩人手一瓶。下酒菜就是那两瓣大蒜了。到大本营的路还很长，酒不多，只好慢慢喝。这样一来，有些冷落了大教授。其实，喝酒前应该把李白的"古来圣贤皆寂寞"送给他。但愿这位诗仙的下一句话"惟有饮者留其名"在库姆塔格仍然成立，尽管我们的足迹很快就会随风而逝。

20

沉醉沙漠美奂，经受越野考验

张国中

高级工程师。甘肃省治沙研究所。科考队驾驶员。从事部分荒漠化防治研究工作。曾参与多次沙漠考察任务，沙漠驾驶经验丰富。

　　库姆塔格沙漠由于所处的特殊地理位置，受周围地形和局部气流的影响，形成了丰富的风沙地貌和独特的沙漠类型——新月形沙垄、新月形沙丘、金字塔形沙丘、格状沙丘、羽毛状沙丘等沙漠自然景观。

　　来自天山七角井山口和达坂城山口的两股强烈气流，挟带着大量沙子，最后在库姆塔格地区相遇并沉积。南面的觉罗塔格山又促使两种方向风的减弱和风沙的沉积，形成了库姆塔格沙漠的风沙地貌类型。这片沙漠的面积虽然不大，但涵盖了各大沙漠的主要地貌类型，也基本上包括了世界主要沙漠区的风沙沉积地貌类型。库姆塔格沙漠的自然景观，展示了独特的干旱地区的自然风貌，被我国科学界誉为天然的实验室。

　　库姆塔格沙漠中几乎没有植物生长，只在局部地区和沙漠边缘地下水埋深较浅处零星稀疏地生长着红柳、芦苇、骆驼刺等植物。这里是世界上野骆驼种群生存的主要区域，数量稀少，极其珍贵，现已被列为国家级自然保护区，具有独一无二的吸引力。

　　太阳刚刚升起，空气中仍荡漾着夜气的润泽，库姆塔格似乎仍安详地沉睡在甜美的梦中。清凉夜风的纤纤素手已抚平了白昼的喧哗搅扰留在她身上的一切痕迹，她通体洁净。柔和清丽的阳光自东向西、由高到低地渐次投射，使她成为一幅明暗有致的巨幅画卷：一道道东西走向的沙垄如一条条静卧不动的巨鲸，垄脊开阔圆润，线条流畅平滑；乳峰般的沙丘在悠然远去的沙垄间随意堆积，一座座丰满动人；一面面沙坡如织工细密的光滑玉帛，自高而下怡然平展斜垂，它迎光的一面从明艳的金黄到柔和的橘红再到暧昧的赭黄，似五色水波荡漾，背阴的一面则是从阴郁的灰黄迅即融入诡诈的黑玄，如风高潜行之夜；在平坦的沙地间，东一处西一处地不时闪现一片仿佛刻意为之的蜂窝状沙浪，井然有序若粼粼波纹；沙丘、沙窝中，稀稀落落点缀着一簇簇碧绿坚韧的骆驼刺，在晨光曦照中，身后拖出一团神秘的阴影。这也许是性格多变的库姆塔格在风雨晨昏秋冬春夏中最为柔媚的一面，最为可人的时刻。饱满圆润的轮廓、流畅柔媚的曲线、光洁平滑的体表、娴静大气的仪态。在库姆塔格面前，戈壁太丑陋了。

我心怀对大自然的敬畏，伫立在它的面前。库姆塔格，是中国的"百慕大"。科学家彭加木的失踪，探险者余纯顺的遇难，都使库姆塔格更加神秘，让人觉得扑朔迷离。高温、干旱、风沙等，是让人难以接近的沙漠特性，但这些并不能阻止沙漠科考的人前往与它亲密接触。从毫无生命的荒漠走过，如同经历了一次洗礼。人生太短暂太短暂了，一生能有几次机会，在这短暂的瞬间，畅游祖国辽阔壮美的沙漠？如此豪放地驾车奔驰在无边无际的戈壁大漠？我去想了，也去做了。这极其难得的经历，又塞进了太多太多的思绪，无形中又一次更新了我对沙漠的认识。我付出了，也得到了。

在沙漠中行车，无论是巴丹吉林，还是库姆塔格，除了面积的不同，局部地貌的不同，从整体上看，大同小异。而沙漠驾驶的共性，也可说是其精髓，就是借力使力，速度为王。要学会顺势而为，眼中有势，车借其势。这个势，其实就是地势和车势，具体说就是一个个沙山、沙丘的高低走势和车辆的速度惯性。车永远要停在有势的地方，无论高低，只要有坡，车就是活的。然后是根据地势设计行车路线，合理控制车的动力和速度，配合地势，让车辆随心所欲行走在沙海之中。如此这般，沙漠行车也就不那么难了，甚至变成了一种享受。

沙漠行车，有三个需要注意的难点。

第一是大面积密集沙丘丛。沙山不高但衔接紧密，留给车的回旋余地非常小，甚至让人怀疑无路可寻。此时若是车身左右倾斜或是重量不平均，或是发生车身前后倾斜的情况，都会形成车轮原地空转的喷沙现象。此种情况若继续踩油门，依然是四轮原地空转，可能还会愈陷愈深。这时使用绞盘或是友车协助拖离是可行的方法。若要自力克服，只有下车将陷入较深的两个车轮底下的沙挖去，并以木板、石块等硬物放置于车轮底下，使车轮转动时摩擦硬物前进。

第二个高难度是翻越沙垄。翻越沙垄一定要有耐心，要胆大心细，手疾眼快，注意力高度集中，严格控制好车速。沙垄顶部有时比较平缓，有时又如刀锋，速度不够上不去或出现搁浅，速度过大车辆又会出现飞跃失控，发生危险。有时另一侧经常会是巨大的沙坑，如躲不开，不要害怕，坑里的沙子通常较硬，施展涮锅技巧完全没问题。

第三个难点是穿越大片的沙碱滩。沙碱滩地面极软，停下来立刻会吃进半个车轮，车走起来非常吃力，水温也会很快升高。在这一区域，车绝对不能失速，即使仅有一点坡度也要利用。一旦停车，重新启动时，视情况换低速，控制好发动机转速，否则很难脱困。

通过这次沙漠科考的实际越野考验，个人认为，手动挡操纵简单灵活，车辆启动反应速度较快，而且相对简单的机械结构意味着更加可靠。偶尔我会用高速 4 冲一些高大的沙丘，但距坡顶 1 ~ 2 米远的时候，高速 4 的动力已经用尽，这时马上用最果断的手法切入高速 2 档，通常可以通过。但有些时候，上到弧形的坡顶时，可能就差不到 1 米甚至不到半米，高速 2 也无力了。要知道，沙峰上的弧顶上不去，唯一的出路是退回去，否则原地硬挠只有陷车。这时候我当然不愿意后退，我会快速地通过油离之间的配合切入高速 1 档，瞬间提升转速，加大扭力通过。这种比较典型的瞬间，显示出手动挡的优势。而自动变速箱的一大软肋是温度。长时间的高强度、高速度，对自动变速箱是一大考验。高强度的越野拉力赛，自动变速箱很容易被拉爆或出现故障，所以很少使用。

这次科考最令我怀念的，并不仅仅是沙漠科考本身的乐趣，而是在穿越过程中所体现出来的团队精神，个人认为，达到了一个很高的境界。在穿越难度、技术含量、默契程度上，我相信，团队精神所达到的水准是每个参与者都难以忘怀的。

参加这次库姆塔格科考的专家、学者和驾驶员，无论在年龄结构、性格成熟度、经验、意识、驾车技巧等等方面都非常合拍。最难能可贵的是，在关键时刻，大家团结一致，乐观自信，善于协作，每个人都心理素质稳定，敢于承担责任，发挥自己的长处，默契合作，排除困难。我认为这一点，才是这次科考及沙漠穿越顺利成功的根本保证。

21

征战沙漠的车神

叶 荣

内蒙古阿拉善右旗，科考队驾驶员，沙漠驾驶经验丰富。

　　我是出生在内蒙古阿拉善右旗巴丹吉林沙漠腹地的一个牧民的孩子，与无情的沙海相依为命几十年，练就了一身在沙海中生存、探险和驾车的过硬本领。2005年9月，我荣幸地被聘为甘肃省治沙研究所库姆塔格沙漠科学考察队的队员。自那时起，我先后20余次接受科考队的车辆安全运输工作，并圆满完成任务。

　　2005年9月，我第一次接受任务，在库姆塔格沙漠中为科考队驾车。没有到过沙漠的人，无法体会在库姆塔格沙漠驾车的危险和困难。面对高温、沙尘暴以及那令人望而生畏的松软、强流动的浮沙，我开始了为期14天的沙海之行。大沙海无时无刻不在考验着每一位驾驶员。

　　这是我第一次在库姆塔格沙漠中行车，驾驶的是一辆北京2000吉普车。车辆的性能较差，动力不足，加上气温高，工作到第10天的时候，突然离合器失灵了。遇到这种情况，如果是在戈壁、公路上行驶，对我来说算不了什么。可是在这茫茫的沙海中行驶，什么样的后果都可能发生。当时，考察队领导为保证科学家的安全，避免发生意外（故障车辆距营地180千米），当即向营地发出了求救信号。当时，我一身过硬的技术本领一直都还没派上用场，这次要抓住机会，展示一下。于是我十分自信地对队长说："凭我的技术和这几天对这一地区沙漠的认识，我可以把车开出去，并保证人员及车辆安全返回营地。"刚开始，队长很不相信我有这种本事，经过慎重考虑之后，他语重心长地对我说："那就试试吧，千万保证安全。"于是我驾着这辆没有离合器的吉普车，凭借着顽强的毅力，以娴熟的驾驶技术和对工作高度的责任感向营地驶去。这辆"病车"驰骋在令人望而却步的大漠之中，翻沙山、过沙丘、冲浮沙、加速、减速、换挡、挖沙子……剧烈的颠簸、机体发热、水箱开锅，就是性能良好的日本越野车也不容易应对，何况这辆"病车"呢！在整个行驶过程中，我只有一个信念，就是保证车辆的安全，尤其是要保证科学家的安全。180千米的沙海，从早上6时出发，一直到晚上8时许，终于返回营地。队长和科学家们都很激动，为我喝彩，为我们团队战胜了巨大的困难而庆贺。那晚，队长破例奖励了我一瓶白酒，大家畅饮到深夜。

还是这次考察，一天，另一组的丰田4500越野车突然供油系统发生故障，无法正常行驶。若不及时修复，则打乱整个科考计划。在营地的考察队领导决定向敦煌市求救。发出求救电话后，队长说："你去查看一下，如果能就地修好就更好了，还可以节省时间。"于是，我不顾疲劳，不顾炎热，和武志元师傅一道对车辆进行了细致检查，分析判断故障原因。在条件极其简陋的情况下，对日本越野车检修难度是很大的。我凭着多年来对各种车辆的了解，靠着自己的经验和自信心，终于找到了故障的原因。因为缺少专用的工具，又没有配件，费尽周折，汗水出了一身又一身，试验了一次又一次，终于将该车检修成功。队长和科学家给予了很高的评价，他们由衷地说："我们的叶师傅不是一个普通的汽车驾驶员，是检修车辆的工程师。有这样的师傅给我们开车，就没有什么困难可怕了，叶师傅是征服库姆塔格沙漠的'车神'。"

2006年9月，我为科考队驾车，在梭梭沟一带考察。在几天的工作中，加上我多年在沙漠地区生活的经验和对野生动物生活规律的了解，发现在梭梭沟一带有明显的野骆驼和黄羊行走的踪迹，并且这些踪迹总是朝着一个方向。其实，那天我们离开营地已经200多千米了，按照工作计划和时间，应该返回了。这时我向队长和科学家们说了我的判断：根据梭梭沟地理位置及走向，野骆驼和黄羊在这一带肯定是找到了水源。当时，大家都对此表示怀疑，认为即使有水源也不会在近距离内找到。但是我最终说服了队长和科学家们。就这样，我们又驾车向河床深处行驶了20千米，发现野骆驼和黄羊的踪迹越来越密，而且还看到了胡杨树和梭梭等野生植物。大家惊喜万分，信心十足地开始寻找。突然，我发现大河床不远处有一股小泉，兴奋地叫喊起来。在库姆塔格沙漠中发现了泉水，这如同哥伦布发现了新大陆一样，大家无比激动。严平教授含着激动的泪水，拉着我的手说："叶师傅，泉水的发现，是我们这次科考的一个重大突破，你的功劳太大了。回去后给你记一功！"虽然返回营地已经很晚了，但那天科考队的全体人员都不能入睡，为这股泉水的发现而兴奋不已。夜已经很深了，我独自思考着，我是一个牧民的孩子，能为国家的科学考察事业贡献一份力量，多么荣幸啊！我要全身心地为这些科学家们搞好服务工作，确保车辆行驶的安全。

另一天，我们在库姆塔格沙漠腹地分组进行考察。我当时驾驶着一辆日本丰田4500越野车，在完成了一天的考察任务准备返回营地时，得知另一组的车辆突然前驱失灵了，向大本营求救。队长问我："叶师傅，去年吉普车离合失灵了，你能把车安全开回营地，这次有没有办法？"看到队长那焦急而期待的目光，我想了想，很有信心地回答道："日本车的性能要好得多，掌握好没啥问题，让我试试吧！"于是，我们加速回到营地，放下其他队员，我与队长又驾车驶向故障车滞留地，在沙海中找寻了近3个小时，方才找到了那辆车。

那组队员见到我们后，像久别的亲人似的，兴奋极了，特别是驾驶员，见面就喊："叶师傅来了，这下有办法了。"我询问了车的情况，仔细检查了车辆，确认是前驱的故障，无法修理。在沙漠地区这是最担心、最可怕的故障。我告诉队长，让付师傅驾驶我的车，我驾驶这辆故障车，想办法开回目的地。天色渐黑了，我驾驶着这辆没有前驱的4500越野车，在朦胧的夜色下，凭着高超的驾驶技术，在两辆车的互相照应下，艰难地向营地驶去。

即便是性能良好的四驱越野车，白天在沙漠中行驶也是很困难的，何况没有前驱，又是夜晚，简直是寸步难行啊！突然熄火、突然陷车、忽而上沙丘、忽而下沙沟……没有亲身经历过的人，是无法体会其惊险和刺激的。40千米的沙漠，我们行驶了4个多小时，终于回到了营地。

在营地的科考队员们早早就朝着车灯的方向欢呼着、跳跃着。我们一下车就被大家围住，苏志珠博士激动地和队长说："这个叶师傅真是车神啊，有这样的师傅给我们开车，还能有什么困难呢，廖队长，你选人选对了啊！"队长更是兴奋地接着说："大家今天要奢侈一下，为我们自己再次战胜困难，为我们的叶师傅再次挑战成功庆祝庆祝。"于是，在茫茫的沙海中，伴着优美的夜色，开始了欢庆的宴会，罐头、压缩饼干、少有的蔬菜、两瓶美酒，这一切都令人陶醉。最激动的莫过于我了，那晚我真正地又一次体会到什么是荣誉，什么是人格——我一个牧民的孩子，竟然受到了这么多科学家的称赞，受到了这么多人的尊敬，让我激动得都说不出话来。我只能更加努力地为这些辛勤而忘我工作的科学家们开好车，只要能为国家的科学事业做一点贡献，就是我最大的幸福了!

2007 年,库姆塔格沙漠综合科学考察队正式成立了,这次是国家级项目。8 月,听到自己被批准成为科考队的正式司机的消息后,我们全家以及亲戚朋友都为我欢呼、庆祝。能够成为国家级大的科学考察队的一名成员,我感到无比光荣、幸福与自豪。

9 月份进行的这次野外综合科学考察,配备了 18 辆车,在沙漠中工作了 13 天。有了前 2 年在库姆塔格沙漠驾车的经验,这次我们的运输队为考察提供了良好的保障。9 月 18 日那天,在二号营地得知第 6 组丰田 4500 越野车的机器突然出现了故障,大家都很焦急。队长对我说:"叶师傅你去检查一下,争取就地修好。"我接受了抢修任务后,立即与那辆车的驾驶员一道对汽车机器进行了检查,确定是引擎胶垫损坏。为了不影响第二天出车,我们连夜抢修。没什么设备,仅凭着经验和简单的几件工具,我们用了一个通宵的时间,在天亮前将车修好了。当科学家们和新华社记者得知后,都非常高兴,甚至还庆祝起来。他们问长问短,对我的工作表示称赞,真诚地向我敬酒。

自 2005 年以来,我承担了 20 余次往返库姆塔格沙漠进行科考的驾车运输工作,没有给科考队造成过一次损失,并以我高超的技术、吃苦耐劳的顽强精神,以及对科考工作的热情,战胜了一次次的困难,为队友和车队提供了技术上的保证。现在大家都亲切地称我为"叶队",送我美称"车神"。在大家的心里,只要有了"叶队",再大的困难也能克服。

我想,在艰苦环境下创造出的奇迹,才是真正的奇迹。我真心地感谢党和政府,感谢科考队领导对我的信任和鼓励。在今后的工作中,我要再创辉煌,做一个真正的车神,为中国的沙漠科学考察事业努力奋斗。

开锅

22

我选择"风雨兼程"

张克存

博士、副研究员、硕士生导师。中国科学院寒区旱区环境与工程研究所。主要从事风沙地貌和工程防沙方面的研究。

我，出生于一个被巴丹吉林和腾格里沙漠所包围的小镇。自幼对沙漠的感觉和印象比较深刻。从大学阶段直至研究生，一直从事沙漠领域的研究工作。

沙漠，近些年来提起它，城市中的人们只有恐惧，是因为沙尘暴。沙尘暴使人们的想象一下子进入了黄土满天、沙尘乱飞的场景。我的家乡虽然处在沙漠的包围中，毕竟还算是绿洲，人活动的环境还存在，沙漠对生活的影响更多借助于风的运动。对于沙漠的真正认识，应该是在这次库姆塔格沙漠综合科学考察之后，通过在沙漠中住帐篷、呼吸挟带沙尘的空气、烈日暴晒和干渴等切身体验，才变得明晰了。儿时对沙漠的认识，只能说是太肤浅了。

库姆塔格沙漠位于塔里木盆地东部，阿尔金山北麓。在维吾尔语里，库姆塔格是沙山。在科学家眼里，库姆塔格是神秘的处女。由于气候、环境条件严酷等多种原因，库姆塔格成为我国八大沙漠中最后一个进行综合科考的沙漠。这里有我国唯一分布的羽毛状沙丘等许多科学界悬而未解的谜团。同时，这里被视为不可逾越的生命禁区，库姆塔格的名字如同罗布泊一样令人生畏，几代科学家都曾试图揭开她的神秘面纱，但直到现在，她依然犹抱琵琶半遮面。

我有幸参加了这次科考，主要以后勤人员的身份进入科考队，协助廖空太副所长做一些后勤保障工作。由于这次科考任务繁重、队伍庞大，后勤保障工作显得非常重要。

按原计划，9月15日，队伍将在一号大本营兵分两路。部分人员继续留在一号大本营，对周边地区的地质、地貌、气候、水文、土壤等进行科考；其余人员穿越沙漠，赴二号大本营，对沙漠南部的植被、动物等自然环境要素进行综合科考。就在14日晚11点左右，后勤保障队廖空太副队长发现所带的水量不足。

在沙漠中，水尤为重要，缺水就意味着面临死亡。从一号大本营到敦煌雅丹水源供给地，有近60千米的沙漠路程。在沙漠腹地，白天行车分辨方向都比较困难，晚上更加危险。但为了保证队伍次日能按计划进行科考，廖副队长当即决断，必须连夜补充水源。随即，临时抽调两辆车前去敦煌取水。虽然携带了GPS，但还是经常迷失方向。由于所经之路都是高大的沙丘，司机必须根据沙丘的走向绕道行进。等到把水运到一号大本营时，天已渐亮。

除了完成后勤任务，我还做一些风沙流的观测工作。主要在一号大本营，对羽毛状沙丘不同部位的风速和输沙通量进行同步测量。测量仪器用的是多通道风速廓线仪和八方位的风沙通量仪。15日下午，观测时突遇沙尘暴。大风裹挟着沙尘劈头盖脸地袭来，瞬间灰蒙蒙一片。沙尘暴来势汹汹，能见度一度降到了5米左右，可以清楚地听到沙子沙沙落地的声音。瞬时风速达到20米/秒，大风把观测点笼罩得黄沙漫漫。狂风携带着大量的沙粒迎面袭击，睁不开眼，沙粒打在脸上就像针扎一样。由于疼痛和恐惧，迎风走成为一个纯粹的梦想，只有背着风走。狂风把衣服紧紧裹在脊背上，衣襟被高高撩起，裤脚随风摇摆。在衣服的皱褶中，沙粒无处不在。好不容易才爬几步，迎面的沙粒吹得满脸都是，嘴里、鼻孔里都呛了不少沙子，喉咙感觉就像堵了鱼刺似的，还吸入了不少细沙。在这种情况下，不能着急，必须转到沙丘的迎风坡爬才比较容易，因为迎风坡较背风坡缓，又刚好背对着风行走。在沙漠中考察，要领多着呢。大自然瞬息万变、气象万千，总有规律可循。有些阅历丰富的沙漠科学家，能根据沙丘走向和形态特征，辨别方向；还可根据沙生植被的演替规律和地形，寻找水源。

广阔天地，大有作为。通过参加这次库姆塔格沙漠综合考察，使我对自己所从事的事业有了更清晰的认识。也使我深知，做研究需要读万卷书，更需要行万里路。既然选择了这个方向，就要风雨兼程。

23

生命的渺小与人格的伟大

武志元

内蒙古阿拉善右旗，科考队驾驶员，沙漠驾驶经验丰富。

　　我来自内蒙古自治区阿拉善盟阿右旗，常年生活在巴丹吉林沙漠脚下，熟悉沙漠，经常在沙漠中穿行，具有丰富的沙漠行车经验。2005 年至今，我随库姆塔格沙漠科考队连续 3 年深入沙漠工作，亲身经历了极大的考验，感受到了巨大的震撼。库姆塔格沙漠极端干旱，沙丘松软，寸草不生，滴水不见，自然条件十分恶劣。放眼望去是一望无际的沙海，天幕下只有一种颜色。在沙漠腹地看不到一点生命的痕迹。正午时分，沙表温度达 50 ℃以上，而夜幕降临，气温骤降至 5 ℃左右。与之相比，巴丹吉林沙漠简直就是"绿色"沙漠。

　　车行库姆塔格，陷车是考察队的家常便饭，挖车和推车也成了每一个考察队员的必修课。因工作区域基本在广阔的无人区，GPS、对讲机、卫星电话是必备的设备。后勤保障工作同等重要，每天出发都要带足食物和水，铁的纪律和团队精神是顺利完成考察任务、保证人员安全的首要条件。置身沙漠，危机四伏，陷车、翻车事件随时可能发生。作为驾驶员要始终集中精力，避免事故的发生，劳动强度可想而知。每天宿营，我的第一任务就是睡觉，养足精神。如遇沙尘暴袭击或其他突发事件无法返回营地，只能就地宿营，既要防范迷途走失，又要提防野兽袭击。生命在这里显得如此渺小，就像沙漠

车 陷

里的一滴水。

　　三次考察活动，使我有机会与科学家近距离接触，聆听科学家们的教诲，感知科学工作的神圣与艰险。每天从营地出发，无论天气好坏，他们总要想方设法完成当天的科考项目和任务。开始我们不理解，开玩笑说：这里天高皇帝远，又没人检查，何必如此认真！但科学家们告诉我们：国家投入大量人力物力，是为了摸清库姆塔格沙漠的形成演化历史、沙漠地貌及沙丘类型、沙漠古水系变迁、动植物资源分布以及近几十年来库姆塔格沙漠发展变化对周边环境的影响评价等情况，每一个数据都十分重要，可不能马虎。今天的工作，对今后国家的生态建设和保护可能产生重大的影响。此时此刻，在我眼中，他们是一群古板严肃的人。可是每当陷车、露营时，科学家们挖车、推车、扎营，苦活累活抢着干，对我们嘘寒问暖，关怀备至。这时，他们是我们的兄长和朋友。他们吃苦耐劳、平易近人的工作作风让我们感动和敬佩。每当遇到天气晴朗的日子，站在大漠深处沙山之巅，静观大漠日出的绚丽，目睹晚霞染沙的缤纷，赞叹"大漠孤烟直，长河落日圆"的壮景。此时，科学家也会像孩子们一样开心快乐，与我们玩耍、打闹。苦中有乐，乐中有甜。积极乐观的生活态度和坚忍不拔的精神，深深地感染着我们。这些来自大都市的科学工作者，为了科学事业，忍饥挨饿，风吹日晒，在"死亡之海"默默工作，无私奉献。他们是民族的栋梁，我是他们的"粉丝"！我愿克服一切困难，陪伴他们共同完成库姆塔格沙漠科学考察任务，开好车，服好务，为国家建设贡献一份绵薄之力。

24

同科学家在一起的日子

聂振高

内蒙古阿拉善右旗，科考队驾驶员，沙漠驾驶经验丰富。

2007年9月10日，受阿右旗巴丹吉林沙漠珠峰旅行社委派，我有幸驾车从甘肃敦煌市载着中国林业科学研究院等单位的许多专家赴中国第六大沙漠——库姆塔格沙漠进行为期14天的科学考察。库姆塔格沙漠面积大约2.28万平方千米，是典型的内陆河盆地，也是国家一级保护动物——野生双峰骆驼的冬春迁徙的主要通道。唐代文书形容库姆塔格沙漠"常流沙，行人多迷途，无水无草。行者负水担粮，覆绕沙石，往来困弊"。

9月的库姆塔格昼夜温差较大，白天热浪袭人，而且天天扬沙陪伴，我们常常是一身臭汗。晚上钻进睡袋有时还感觉到冷。方圆几百里没有水源，没有人烟，由于吉普车载的考察装备比较多，所以带的水只够每天解渴、煮饭。14天来，尤其是在沙漠北部，我们没有洗过一次脸、刷过一次牙，至于洗澡、洗衣服，那简直就是奢望。每天的伙食就是野餐、方便面、煮面条。我的胃不太好，有时候把我这个西北汉子都吃得胃疼，不知道这些科学家是否也和我有一样的感受呢！晚上，我们就在帐篷、睡袋里养精蓄锐，准备明天的战斗。

肆虐的扬沙、沙尘暴，酷热的天气，没有水源，没有人烟，吃的是最简单的，住的是简易的帐篷。然而，在如此艰苦的环境条件下，科学家们没有一个叫苦叫累。相反，他们披星戴月，废寝忘食地开展科考工作。在科学家坚忍

翻越沙梁

不拔的精神驱使和不懈努力下，使科考工作提前圆满完成。

  作为一名经常驾车出入在戈壁、沙漠中的驾驶员，这次和科学家们一起的考察却使我终生难忘。科学家们无畏的工作态度和严谨的敬业精神一直激励着我。如果还有机会，我愿意再次为科学家们的科考工作尽自己的绵薄之力。

25

沙漠科学考察三部曲

崔向慧

博士、助理研究员。中国林业科学研究院荒漠化研究所。主要从事荒漠生态系统定位观测研究。

出征篇

话说二零零七年，沙漠科考近眼前；
几经周折终如愿，库姆塔格梦实现。
维护生态与安全，综合科考任务艰；
不辱使命甘奉献，众志成城宣誓言。

上级关怀暖心间，后方嘱托在耳边；
壮行热酒杯中满，少年壮志激情燃。
勇士何须惧艰险，车队已过玉门关；
满怀感恩加期盼，挺进沙漠勇向前。

战地篇

库姆深处扎营盘，塔格上空红旗展。
清洁光能发电源，卫星电话报平安。

科考队员宣誓

> 享受羊汤煮面片，海军食品算尝鲜。
> 饮水供给有保障，瓜果蔬菜备齐全。
>
> 会议召集在前线，科考分为三单元。
> 各组工作齐向前，团队作战勇实践。
> 顶风冒雨意志坚，披星戴月精神显。
> 争分夺秒时间赶，哪怕千难与万险。
> 冲过河谷与沙山，艰苦力行千里远。
> 途中遭遇沙尘暴，实现沙漠南北穿。
>
> 科考分队大发现，两大峡谷在南缘。

五星红旗下的奉献

野生骆驼与泉眼，回报队员胜甘泉。
百家学者共钻研，阐明沙海溯根源。
分辨地貌揭谜团，攻破地质大难关。
高新技术集前沿，架设卫星气象站。
深究水系古变迁，探讨气候怎演变。

队友驱车驰荒原，北京总部不等闲。
旗下坐镇指挥官，沉着应对操胜券。
后勤保障行在先，万里征程保安全。
日以继夜齐奋战，沙漠科考捷报传。

凯旋篇

胜利完成攻坚战，全队勇士尽欢颜。
阿尔金山露笑脸，七里镇前庆凯旋。
队伍开进水会馆，洗掉风尘与泥汗。
签名拍照狂留念，敦煌庆功月正圆。

水雕风塑的雅丹犹如沙海中的战舰

总结大会畅开言，部署任务下阶段。
创新团队精神满，齐心协力勇攻关。
落实科学发展观，探知求真吾辈先。
深知任重而道远，奋发蓄势向明天。

26

辨识自然点滴
——库姆塔格沙漠考察随笔

张正偲

理学博士、副研究员。中国科学院寒区旱区环境与工程研究所。
主要从事风沙地貌学研究。

对植物固沙的一点见解

（1）灌木。众所周知，植物，特别是灌木，具有固沙的作用。但是，在我们的以往（如巴丹吉林沙漠考察）和这次沙漠考察中，我们发现并不是所有的灌木都具有固沙的作用。

灌木之所以能够固沙，其主要原因是灌木比较低矮，降低了近地层的风速，从而使近地层的风沙流堆积在灌木周围。但是，当沙漠地区生长的是单株灌木或者灌木的枝叶离地表较高，如其高度大于 10 厘米，此时，灌木就没有固沙的作用，而是造成生长灌木的地方风蚀。

（2）草本植物。以往在研究植物固沙时，主要是针对灌木和乔木，对草本研究很少。这可能是由于草本植物的生长周期短，在风沙活动强烈的冬春季起不到防风固沙作用。但是，在沙漠地区或者说沙漠边缘地区，冬春季节，如果草本植物没有被破坏，其干枝枯叶同样有固沙的作用。总之，草本植物在一定程度上说是可以固沙的，尤其在一些不能生长乔灌木的地区，采用草本植物固沙也可以作为一种固沙措施。这主要是由于草本植物一般都比较低矮，对降低地表风速十分有效，从而拦阻了地表的风沙流，使沙子堆积在其周围。

对雅丹地貌和砾石堆的形成的一点理解

雅丹地貌和砾石堆可以认为是同一历史时期的两个不同的事件。二者的共同点，都是经过洪水淤积，然后在地质作用下发育而来的。

雅丹地貌最初应该是一块较大的洪积淤泥地，后来在发生了地壳运动，使其相对位置抬升，然后在风蚀和水蚀的共同作用下，形成了今天的雅丹地貌。

砾石堆的发育过程应该是相同的，也是先发生了沉积，然后发生地壳运动，再经过风蚀和水蚀。与雅丹相比，其主要不同点在于风蚀将其周围的较小砾石或者沙子搬运走，留下了较大的砾石。

砾石堆

27

为了队友

廖空太

理学博士、研究员。甘肃省治沙研究所副所长。现为甘肃省林业科学技术推广总站副站长、甘肃省林业工作站管理局副局长。主要研究风沙地貌与风沙工程。

2008年9月17日，国家基础专项"库姆塔格沙漠综合科学考察"在敦煌召开科学考察誓师大会。这次科考分为两队：科考一队前往沙漠南部进行地质、水文等方面的考察，科考二队前往沙漠北部进行地貌、遥感等方面的考察。科考二队由26人组成，屈建军研究员任队长，我和高志海研究员任副队长。誓师大会后，我们分乘6辆考察车和2辆补给车从敦煌前往库姆塔格沙漠北部的哈留图泉。行进途中，有2辆越野车和1辆补给车先后抛锚被迫返回敦煌。

9月17日下午6:00，科考队二队到达哈留图泉干湖盆扎营。9月18日早6:30，屈建军研究员带2个小组前往沙漠西端的红柳沟考察，由于路途遥远，我们挑选了具有沙漠驾车经验的2名司机驾车前往。北大本营此时还有3个考察小组，能用的车辆仅有2辆越野车和1辆皮卡车。为按期完成考察任务，我和高志海研究员商量后决定放单车。尽管这么做在沙漠腹地非常危险，但也是迫不得已了。各小组出发前，我们要求日落前必须归营，并将工作点的地理位置交给大本营留守人员。

9月18日早7:30，3个小组分乘3辆车向不同方向出发，每辆车都带了3天的补给以防不测，我带皮卡车到大本营附近的羽毛状沙垄进行定位观测。下午7:30左右，当我完成观测回到大本营时，发现两辆越野车都不在营地。问

留守人员，说一越野车回来后，由于不见另一车返回，驱车到北面找他们去了。太阳西沉，天色渐暗，我和留守人员焦急万分，站在沙丘顶上不断地用对讲机呼叫，但却收不到任何回音。天完全黑了下来，我们翘首以待，期望能看到远处的车灯，但都失望了。此刻，我们都已感到问题的严重性，但却显得束手无策。大本营只有一辆皮卡车，是硬着头皮去找？是继续等待？还是向指挥部报告？众说纷纭。开皮卡车去找，自身难保；向指挥部报告，将引起方方面面的着急。最终我们还是选择了等待，将皮卡车开到大本营北 5 千米的一个高大沙丘上开灯等待。

9 月 18 日晚 10:30，就在大家逐渐失望、准备向指挥部报告时，前方突然出现了微弱的灯光，大家为之一振。但用望远镜一看，又都失望了。因为看到的是一只而不是两只灯，应该是摩托车车灯。过了一会儿，当灯光越来越近，听到汽车马达声的时候，大家都欢呼雀跃了，我们终于等到他们回来了。但随后的情况却令人更加焦虑。因为回来的是 1 辆车，是去找车的车。高志海研究员说，他们找到了另一组的第一个工作点，绕了几圈好不容易找到去第二个工作点的车辙，但天已完全黑了下了，他们只能选择返回。

9 月 18 日晚 11:00，我们在大本营召开了紧急会议，商议下一步究竟该怎么办？考察车不回只有两种可能：一是抛锚，二是翻车。如是抛锚，问题不大，可等天亮去找，因为每辆车都备有充裕的水和食品；如是翻车，情况就糟糕了。向指挥部报告可增援车辆，但最快也得五个小时后才能到达大本营，耽误了救治怎么办？考虑到可能的后果，我们毅然决定冒险去找。

9 月 18 日晚 11:20，我乘皮卡车，王瑧瑜、赵兴乘越野车走上了寻找未归小组的艰险之路。在库姆塔格沙漠沙丘密集区，就是白天行车也险象环生，而夜间行车其难度和危险就可想而知了。但为了队友的平安，大家义无反顾。走出大本营刚 10 千米，皮卡车缺水开锅，加了十几瓶矿泉水也无济于事，皮卡车返回营地加水并带了两大桶水。走出 20 多千米后，遇到了沙尘暴，车灯下能见度只有几米。9 月 19 日凌晨 1:00 左右，我们总算找到了他们的第一个工作点，然后绕圈找他们去第二个工作点的车辙。半个小时后，我们找到了一条去东北方向的车辙，根据已留的地理坐标，我们决定跟这条车辙寻找。

此时我们已进入高大沙丘区，受沙尘暴影响，沙丘上无半点车辙痕迹，只能根据丘间模糊的痕迹去判读。我和王瑧瑜、赵兴弃车用手电筒徒步搜寻，然后指挥车辆跟进。夜色茫茫，沙粒飞舞。有时，我们三人在一个沙丘周围绕圈，一个找不到一个；有时，车、人在几个沙丘间捉迷藏，车找不到人，人找不到车。每前行 1 千米都是那么的艰辛、那么的不测。由于夜间行车，加之沙

拔营（挖掘机拖抛锚的吉普车和摩托车）

尘暴影响，司机判断多出现失误，陷车现象几乎每隔 10 分钟就发生一次。千斤顶、木板垫，机械性的动作几乎一直重复，锹挖、手刨，汗水和沙打的泪水几乎一直在流。但为了队友的安全，大家从没一句怨言。

9 月 19 日凌晨 2:00，当我们历尽艰险、万分疲惫之际，一辆黑色越野车突然出现在我们车灯前，惊喜之情难以言表。越野车顶框绑了一面绿色旗子，车窗内贴了一张字条："Sand storm！！！，我们去八一泉！！！"并留了八一泉的地理坐标。天啊，当时我们都愣住了！我们不知道究竟发生了什么事？车为什么停在这儿？人为什么要弃车去八一泉？停车的地方距大本营直线距离 25.3 千米，距八一泉直线距离 23.6 千米，他们为什么不去大本营而去八一泉？一连串的问题把我们又打懵了。短暂的修整之后，我们又向八一泉进发。从车停留的地方去八一泉必须穿过一段密集高大的沙丘，虽然前段路程艰辛，但车辙相对好找一些，现在要在沙尘暴中跟踪脚印，难度可想而知。

9 月 19 日凌晨 4:30，当我们爬上阿奇克谷地边缘最后一道沙梁、看到八一泉附近时隐时现的火光时，我们都瘫坐在了丘顶上。火光就是希望，我们终于找到了我们的队友。到八一泉见到 3 位队员后，才得知由于司机无沙漠驾车经验，车陷后强制前行导致水箱爆裂抛锚。

9 月 19 日早 10:30，当我们从阿奇克谷地绕道雅丹地质公园回到北大本营时，高志海研究员和所有留守队员从沙丘顶冲了下来和我们拥抱欢呼。他们一夜未眠，都在沙丘上守候。后来，我把整个过程向指挥部进行了汇报，指挥部严厉批评了我，也高度表扬了我。从 2004 年首次进入库姆塔格沙漠，2005 年首次进入库姆塔格沙漠腹地探路，一直到国家基础专项考察结束，我先后 26 次进入库姆塔格沙漠，但这次是我收获最大、也是终生难忘的一次。

下篇
大漠回响

28

1973 年库姆塔格沙漠考察浅谈

杨根生

研究员、博士生导师。原中国科学院兰州沙漠研究所副所长。
主要从事干旱半干旱地区风沙地貌、沙漠化过程和沙尘暴研究，
是深入该沙漠进行地质、地貌调查的第一个中国科学工作者。

1973 年 5 ～ 10 月，随中国人民解放军兰州军区测绘部队，对库姆塔格沙漠进行了半年时间编图考察。由于当时的任务主要是摸清、判识库姆塔格沙漠地区的沙漠地貌类型，为编制地形图服务，对沙漠的形成、演化了解甚少。为此，仅对沙漠地区的一般概况，作一些介绍，诸如沙漠地貌结构及羽毛沙丘。但因考察时间已过去 36 年，当时认识也很肤浅，加之记忆疏漏，难免有这样那样问题，请斧正。

库姆塔格沙漠，北接阿奇克谷地，南以阿尔金山北麓为界，西临罗布泊洼地，东延伸至甘肃敦煌市鸣沙山，总面积 2 万多平方千米。行政区属于甘肃省敦煌市和阿克塞自治县和新疆若羌县。沙漠像一把扫帚或羽毛扇覆盖在阿尔金山山麓洪积扇上。罗布泊及阿奇克谷地作为丝绸之路必经之地，两千多年以来由于人类活动，留下了许多珍贵的文字记载，《山海经》记载，周穆王曾游历西域抵达西王母之邦《波斯》，收集了西域山川、人文、习惯等；《史记》和《汉书》记载了张骞和班超出使西域，开辟了穿越罗布泊、阿奇克谷地的丝绸之路；《南道》收集了自然与人文信息，东晋的法显通过丝绸之路南道去天竺（印度）访佛求经。在《佛国记》中描述了三河三垄沙的严酷环境，意大利马可波

罗在他的游记中记述了罗布泊地区环境等。近百余年来，围绕罗布泊及罗布淖荒原，中外学者，进行了多次考察。俄国的普尔热瓦尔斯基、瑞典的斯文赫定、英国斯坦因等，中国的黄文弼、陈宗器等。1959年中国科学院新疆综合考察队对罗布泊进行了地貌、水文地质、土壤、植被等考察。1980～1981年中国科学院新疆分院罗布泊考察，再次对罗布泊进行了水文、地质、地貌、土壤、动物考察。但对阿奇克谷地以南，罗布泊以东的库姆塔格沙漠，在1973年之前，还未考察过。1973年5～10月，为配合编制库塔格沙漠地区1/10万地形图，中国科学院兰州冰川冻土沙漠所杨根生、曲耀光、李运发、李福兴 随中国人民解放军测绘部队对库姆塔格沙漠航空相片现场调绘，组织了甘肃敦煌县、阿克塞县及新疆若羌县的骆驼，作为交通运输工具，选取三条南北向线路，并向东西向辐射穿沙漠——一条由湾腰墩西井子到卡拉塔格山横穿沙漠。一条线是沿东经92°40′由阿奇克谷地的保贝拉井，梭梭沟——卡拉塔格山，一条线沿东经90°00′红柳沟横穿沙漠。另外还选取了两条线，一条东西向线路，从雅尔丹地质公园，沿阿奇克谷地经辛苦井、保贝拉、奋斗井、矮山井、呲牙井、八一泉到罗布泊，一条由奋斗井向北穿阿奇克谷地——北山考察。通过上述5条线路考察，对沙漠的地形、沙漠沙丘类型、羽毛状沙丘、雅尔丹地貌等有了粗浅的了解，1979年野外笔记总结，未能成文，时隔36年，拿出来抛砖引玉。

构造基础

从大地构造来看，库姆塔格沙漠的基底是属于塔里木地台的东延部分，随着塔里木盆地的形成演化，作为一级构造单元的塔里木地台东延部分的罗布泊洼地和库姆塔格沙漠地区，又被肢解为罗布泊断阶，哈拉诺尔台坳和北山断块3个二级构造单元。中新生代以来构造活跃和断裂发育，将周围山前地带分割成许多阶梯式地垒断块，其中，哈拉诺尔台坳为新生代的凹陷地区，是处于北山褶皱带和阿尔金山断块之间的一个小型断陷凹地，也是展布于阿尔金山北麓的一个构造梯级，并形成倾斜石质平原，除边缘及局部地方有元古界变质岩系，前寒武至奥陶奥系的硅质灰岩，以及很少的侏罗纪地层出露外，地表绝大部分被第四纪松散沉积物所覆盖，库姆塔格沙漠就覆盖在这个台坳之上，即发育在阿尔金山北麓的构造梯级之上。

受断裂的制约在以罗布泊洼地为中心向东延伸出南、北两支岔,北面一支延伸到库鲁克塔格的哈拉塔格垭口,走向北东,称雅尔丹堑谷(也称风蚀堑谷);南面一支岔延伸在阿尔金山与北山之间,走向近东西向,称阿奇克"堑谷"(B.M. 西尼村,1995),阿奇克堑谷地北侧以因克卡拉塔格大断裂与北山毗连,断裂带呈北东向展布。断层面向南倾斜,乃陡倾斜的正断层。现代地貌上表现为断崖。谷地南侧是苏鲁森塔格大断裂的西延部分。北东向延伸,开成笔直陡坎,使阿奇克堑谷地与发育在哈拉诺尔台坳之上的库姆塔格沙漠前缘呈 50 ~ 100 米的阶坎。这一个阶坎正是库姆塔格沙漠的北部界限。

库姆塔格沙漠地貌格局

区域性大地构造决定了库姆塔格沙漠地区的地貌格局呈现出南高北低的地势。该区地貌是在干燥断陷盆地内发育,其荒漠特征明显,地貌营力及其组合特征,控制该区主要地貌类型及分布特征,均反映了区域构造与荒漠气候环境。干燥剥蚀低山丘陵、残丘、戈壁、风蚀地(或雅尔丹)、沙丘、干谷、盐土平原相互交错分布,构成该地貌格局。

(1)由南而北,沙漠南缘是雄伟高耸的阿尔金山脉,走向 NE60°~ 70°,海拔一般 3000 ~ 4000 米,最高峰超过 5000 米。山体基岩裸露,陡峭挺拔,具有两坡不对称的双峰或山脊,北侧坡陡谷深,物理风化作用强烈,地面上堆积残坡积物,组成山前石质或砾质倾斜平原,构成沙漠边缘砾石戈壁带。海拔 2000 米左右的,干燥剥蚀作用形成了地形起伏和缓的残山丘陵,向干燥剥蚀山足平原方向演化。

(2)沙漠中南北向深切沟谷发育。该沙漠分布南北向沟谷,自东而西主要有山水沟、东沟、西土沟、崔木土沟、大多坝沟、小多坝沟、八龙沟、小梭梭沟、大梭梭沟、红柳沟等,其中有 2 ~ 3 条常年流水,其余均为季节性洪水下泄的干沟。山水沟于沙山与崔木土之间,沟头以南发育巨厚洪积扇。洪积扇出露泉水及季节性洪水沿山水沟直泄敦煌南湖湿地。崔木土沟头南部洪积扇出露泉水形成河流沿沟而下泄,在出山口一带消失。小多坝沟、大多坝沟、由阿尔金山北麓,形成巨厚沙砾堆积洪积扇,地下水在扇缘的多坝沟口出露,沿沟而下,形成多坝沟河,北流入哈拉齐湿地。大梭梭沟是阿尔金山北麓,汇水面积最大的季节性水流最长的干河谷。在卡拉塔格山北麓，洪积扇扇缘处沿沟谷西北方向下行，在39°50′N，92°12′E处突然折转成东北方向，形成"S"形河谷。梭梭沟以南部较深，约110米，中部冲积河谷，开阔。北部沟深3～7米。红柳沟较深150米左右，季节性流水，直接进入罗布泊。梭梭沟—红柳沟之间，分布着较小的季节性河谷，没有贯穿整个沙漠，流程较短，消失于沙漠之中。

　　沙漠中深切沟谷，两岸出露的第四纪地层，山麓相砾石层，冲洪积相，风成沙相等。记录了西北干旱区气候、水系及地理环境演化历史，为揭秘这一系列地理、地质信息，对西北干旱区形成演化过程及其对全球气候变化和青藏高原隆升的响应，有着深刻理论价值。

　　（3）沙漠形态的独特特征——沙漠像一把扫帚覆盖在阿尔金山北麓山前洪积冲积倾斜平原之上，并具羽毛状沙丘形态。

当年的杨根生与他的坐骑

205

1973 ~ 2005 年沙漠周围环境变化

1973 ~ 2005 年的 30 余年，沙漠边缘地区的生态环境，发生了显著的变化，恶化的趋势非常明显，表现在西湖湿地萎缩，水面减少，胡杨林死亡，生物多样性减少，野骆驼濒危。

（1）1973 年西湖湿地与水面的状况。西湖湿地的水源，主要来源于疏勒河及党河，1958 年在安西县双塔修建水库，拦截疏勒河向西湖排水的水量，但还可以有 1.5 亿 ~ 2.0 亿立方米的水到达疏勒河下流。党河的水在 1973 年未修建党河水库之前，一部分输入西湖，加上来源于阿尔金山流向西湖湿地的几条山水沟 0.24 亿立方米的水，该湿地的水面，沼泽面积大，由后坑—马迷兔—湾窑墩—西井子一带，泉水溢出，地表形成常年性和季节性湖泊、沼泽等湿地，汽车不能通行，唯一交通工具是骆驼，还需绕道方可到达西井子，后坑当时是一个湖泊，周围芦苇丛生，目前已见不到水面。马迷兔一带芦苇丛生，柽柳密布。1973 年考察时汽车前面套几个骆驼拉，十几个人推，尚不能把汽车拉出来。湾腰墩一带分布有直径达 600 ~ 700 米的水面，现已成 1 ~ 2 平方米直径小泉井。

（2）1973 年双峰野骆驼的分布状况。1973 年 6 ~ 10 月考察期间，经常见到野双峰驼，在后坑、湾湾土冬、西井子，以及沙漠腹地大梭梭沟成群野双峰驼常见，一群少者十几匹，多者 40 ~ 50 匹。有时野双峰驼与考察队的家骆驼混在一起。

（3）月牙泉水面变化。月牙泉 1960 年最大水深 9.0 米，水域面积 22 亩，1973 年考察时，泉水水面 17.0 亩，为 1960 年水面的 77.3%。主要由于抽取月牙泉的水灌溉多沙山村耕地。1974 年后考察月牙泉，水面进一步缩小，1998 年水面仅剩 8.8 亩，最大水深不足 1.0 米。

29

库姆塔格，不再遥远

万志红

60 年代生人。
理科生。
从业经历稍繁。
现就职于中国林学会科普部。

车行渐远，距城市；
亦而渐近，离向往——我的库姆塔格。

这情境发生在 2009 年 9 月 6 日，是我与库姆塔格唯一一次短暂的触碰。而与之结缘，于此前的数月，动议做一本沙漠科考的科普书。

第一次见到"库姆塔格"几个字，是在中国林业科学研究院网站的新闻里，2007 年 9 月，一篇不短的配图文稿中。接下来数日的跟踪报道，迷着我给这次科考单建了个文件夹，收录了每一篇"库姆塔格"，并无目的。之后，这件事便渐渐从记忆中淡去。

库姆塔格，依旧遥远。

一年半后与卢琦老师偶然交谈，恰契本职。在卢老师的传授下，我的心启程了。这次我的"库姆塔格"资料库里添加了 2007 年和 2008 年的科考总结，还有几位的博客——蔡登谷、卢琦、杨浪涛和赵亚辉。匆匆读过，晕晕地提交了做书的方案后，即在恶补中开始编写。互联网虽然发达，但库姆塔格委实陌生，加上对西北、对沙漠、对野外科考的一无所知，编写过程何等虚幻。在提交第一稿后5月底的项目南京会议上，见到了数位参加科考的专家，之前，只多次看过照片和名单。库姆塔格科考，对我来说，第一次有了些许真实感。回京后读了部分专著草稿，非常吃力，勉强对科普书稿的一些内容做了修改。

库姆塔格，如此朦胧。

2009年9月，随库姆塔格沙漠国际研讨会进了趟沙漠。出发路上的心境，便如本文开头两行。车队行驶到公路终点停下来，给轮胎放掉一些气后，便鱼贯飚进了沙漠。先参观了自动卫星传输气象站，之后车队停在了一大片龟裂的硬壳地上。在纪念碑旁拍了合影，约好集合时间后，大家三两散入了怎么走都是路的这片没有路的沙漠。我和侯春华老师一起爬上沙丘又下到湖盆，走着看着猜着，一切都是那样陌生。第一次身处沙漠，放眼无边，沙地松软，行速缓慢。初晓何谓"大漠"，宽广中杂着无助及无奈，让人的理想、梦幻与现实交织。不知当年丝路客和沙漠学者会否也是如此感受。日程紧凑，停留短暂，憾难概览。

库姆塔格，远在天边，近在眼前。

归来重读更新的专著草稿，莫名黯然，虽然面前的座座各行专业大山依旧耸立着。之后又看了几位专家的科考日记，还有海量科考照片的一部分。话语朴实的日记，带着不同的方言、不同的专业术语和俗语、不同的性格爱好、不同的心路感受，让科考仿佛重现在我眼前。再读蔡院长生动的《前线总指挥日记》，收益良多。而那些多数只有设备自动编号的照片，使我沉迷，梦回大漠。面对电脑中的"库姆塔格"，时常会不禁笑出声来或是感动潸然。我尽所能去读懂库姆塔格，读懂这次科考，过瘾般重新撰写和修改了文稿，配了大量照片，向读者图说我心爱的库姆塔格。此间还读到了董治宝老师发表的论文

《羽毛状沙丘辨析》，又想起日记里描述的科考途中的学术辩论，我不仅从论文中享用了知识，更感受到科学精神及科学家的可敬可爱。

库姆塔格，随血液流淌，虽远犹近。

书由卢琦老师而来，我也努力将卢老师的不断传授与启迪揉进书里。惟怨自己才疏学浅，没能将卢老师对科学的钟爱及对库姆塔格的情感全部如愿融入书中。世间本无完美，心在尽力中释然。再后来，陈雅丹老师出于对其父辈陈宗器先生当年西北考察的情怀为库姆塔格手绘了一幅地图肖像，加上出版社冯峻极女士和周周设计局付出的辛劳与智慧，以及郑虹等好友和家人的帮助，我们共同将《库姆塔格，不再遥远》呈献给读者。两年来，专家和亲友们的音容笑貌，库姆塔格的喜怒哀乐，萦绕在心间。虽无缘于 2007 年科考同甘共苦，然有幸获此奢华之精神盛宴。甘愿付出，便可抚平距离之远的心痛，得以乐享满足。

库姆塔格，铭刻于心。

阿尔金山山脉北麓这片看似轻柔的羽翼，因环境严酷而让人类敬而远之。她曾经那样陌生、遥远和神秘。走近她，却感受到自然、真实与迷人。瑰丽的"羽毛"、奇异的峡谷、独特的沙砾碛、顽强的红柳和梭梭、可爱的野骆驼……往昔的秘境，如今有了科学的印迹，被带入了科学卷宗。她安静地守候在那里，伸开双臂欢迎朋友们到来。

库姆塔格，不再遥远。

30

难忘"库姆塔格"沙之情

王建兰

高级工程师。中国林业科学研究院。主要从事林业宣传工作。
曾获得"关注森林梁希林业宣传突出贡献奖""关注森林新闻
奖",以及优秀新闻奖、生态美文奖等奖项十几项。

2007年6月17日——第13个"世界防治荒漠化和干旱日",库姆塔格综合科考在中国林业科学研究院召开启动会议。由此,我与库姆塔格结下了一份情缘。

曾两次随科考队前行。第一次,2007年9月10日,库姆塔格综合科考从敦煌出发,我随队摄影采访,并为科考队送行至敦煌雅丹地质公园;第二次,2009年9月3日,库姆塔格沙漠国际研讨会在敦煌召开,我仍作为摄影、文字记者随行采访,这次走到了库姆塔格科考一号营地。这些虽早已成为过去,科考项目也早已完成,但往事历历,犹在眼前。

毅然惜别大漠边

2007年9月10日,金秋时节,一个瓜果飘香、丰收在望的日子。

上午9时多,一支规模庞大、阵容整齐的科学考察队伍随着库姆塔格综合科考项目领导小组组长、中国林业科学研究院院长张守攻一声激动人心的令下："出发！"5面鲜红的科考队旗齐刷刷地朝着同一方向高高扬起，13辆科学考察车与后勤保障车以及其他送行车一道组成宛如猛龙的车队，从甘肃省敦煌市人民政府广场缓缓驶出，向库姆塔格沙漠腹地毅然挺进。

红色，在我国元素中，代表着吉祥、喜庆、热烈、奔放、激情、斗志等等。库姆塔格科考队就是由红旗指路，队员们身着红色考察服，考察车上依次写着醒目的红色数字：01、02……热情奔放，斗志昂扬。车队走过，扬起道道烟尘，留下深深辙印，打破了沙漠常有的寂静。醒目、喧闹、壮观极了！

车队从敦煌往西驱车180千米，经玉门关，向库姆塔格沙漠之北、罗布泊之东的魔鬼城进发，到达时已是下午2时，十几辆越野车威风凛凛地停在大漠戈壁上。科考队决定在此打尖——吃午餐，送行者也将在此止步。大家纷纷下车，每人手里拿一纸餐盒，打开，小心地往里浇点矿泉水，不一会儿，餐盒里热气腾腾，饭菜香味扑鼻而来。

这是海军最新研制的新一代野战快餐食品，主供部队在野战条件下单兵食用。这种快餐有绿豆米饭、赤豆米饭、香菇肉丝面、雪菜肉丝面等6种餐谱组合，其最大特点是体积小、重量轻、不污染，无须明火，安全可靠。能够保证短时间内吃到可口热食，热量达4700路里，可满足从事中等军事劳动强度者的需要。这就是我们的科考队员们15天科考生活的主打食品。

欢声笑语，风卷残云，午餐结束，但刚刚制造的所有"垃圾"却踪迹全无。抬头一望，只见7号越野车旁，叶荣师傅正在将收集好的"垃圾"捆扎打包。项目负责人、本次科考队前方副总指挥、中国林业科学研究院卢琦研究员说："除了采集科学信息，我们科考队只在库姆塔格留下脚印。"张守攻院长打趣道："大风一吹，却连脚印都不会留下。"

作为唯一一位到魔鬼城为科考英雄们送行的女性，我在科考指挥官张守攻院长的指导下，也在很短的时间内"做"了这样一顿饭菜，柔情满肠地将饭菜恭恭敬敬地摆放在沙地上，面朝队员们即将出发的方向，双手合十，向大地和天空祈祷，祈祷英雄的科学家们平安远离，平安归来。随后享受了有生以来这样一顿难忘的午餐，并发自内心地对科考队员们说："把我带上吧，让我去为你们烧火、做饭、洗衣衫。"

科考队员们回笑道："倒是想，但哪来洗衣衫的水啊！"

没有不散的筵席，无论送多远，终将一别。当科考车队扬起一道道沙尘义无反顾地一一离去时，我百感交集，悲壮之感突袭心头，脑海中尽是"塞下秋来风景异，衡阳雁去无留意。四面边声连角起，千嶂里，长烟落日孤城闭"。"大漠孤烟直，长河落日圆"。"西出阳关无故人"……以及无论怎样寻找，神秘的罗布泊都没有交出彭加木先生的悲凉景象。由此，止不住的眼泪流了下来，双臂再也无

211

力举起相机。当英雄们绝尘而去时，却十分后悔地发现，刚才只顾为他们合影留念，为他们欢呼，却忘了自己同他们合影一张，从而成为心中永远的遗憾。

再见，可爱的科考队员们，一路多保重！此时我的脑海中响起了《送战友》的歌声："送战友，踏征程。默默无语两眼泪，耳边响起驼铃声。路漫漫，雾茫茫。革命生涯常分手，一样分别两样情。战友啊战友，亲爱的弟兄，当心夜半北风寒，一路多保重。……"

义无反顾揭面纱

在维吾尔语里，"库姆塔格"是"沙山"。在科学家眼里，库姆塔格是神秘的处女，此次科考将勇敢地揭其神秘面纱。

因为气候、环境条件严酷等多种原因，库姆塔格是我国八大沙漠中唯一未经综合科考的沙漠。那里有世界上唯一分布的羽毛状沙丘等许多科学界悬而未解的谜团。同时，也被誉为不可逾越的生命禁区，她的名字如同罗布泊一样令人生畏，几代科学家都曾试图揭开她神秘的面纱。

本次科考聘请的项目技术顾问之一中国科学院寒区旱区环境与工程研究所杨根生研究员，他就是库姆塔格沙漠科考第一人。1973年5月1日，杨先生首次随解放军测绘队进入了库姆塔格考察沙漠地质地貌。他无限感慨地说："当年，我们只能骑着骆驼进入沙漠。因为要在沙漠里呆上半年，解放军派了一个加强团给我们做后勤保障，地方政府协助解放军征调了敦煌及周边两个县的所有骆驼，为我们送水、送面、送骆驼吃的草料。国家发展多快啊！现在科考有了沙漠越野车、卫星电话、数码相机、GPS定位仪、远红外线测距仪，真是武装到了牙齿。"

"记得那时，疏勒河主河道都有水，猫头鹰、狼、毒蛇、四脚蛇很多，野猫多得让人害怕，黄羊、狐狸成群，我看到的野骆驼最小的一群也有上百峰。现在，生态环境严重恶化，就连胡杨都死得差不多了"。杨先生心情沉重说，"现在采矿、挖石头的人很多，一车车地往外拉，生态、景观已被糟蹋得不像样了。因为这样，1973年我们考察时曾发现了一处水晶矿，但30多年来，一直没敢对外说。害怕说了带来更大的生态灾难。"杨先生对科考有着十分丰富的经验，不仅为资深技术顾问，同时也是一位很好的路线向导。

今天的库姆塔格科考，是探知科学真谛、寻求治沙良策的实际行动，也是对跨部门、多学科组建创新团队，开展综合科考活动的实践考验。每次出发前，全体科考队员都会面向国旗、队旗庄严宣誓："热爱自然，献身科学，团结协作，不畏艰难，保证完成库姆塔格沙漠科学考察任务。"

高高兴兴理酷头

出发前夕，科考队员们变化最大的是发型。书卷气十足的队员们离开大学，离开科研院所，从四面八方飞至敦煌，一个个朝气蓬勃，精神焕发，朴实庄重。但在出征前，几乎一夜之间，突然"耍起酷"来：一个个理了近似光头的酷头。

2007 年 9 月 5 日，卢琦研究员飞至敦煌打前站，就在他所住的敦煌宾馆附近一家理发馆把头发削短到了不足 1 厘米。他说："进沙漠半月，水是大问题，不能洗澡，不能刷牙，不能洗脸，当然更不可能洗头了。头发长了，打理起来很麻烦，风一刮，沙子就会藏在里面。"

笔者问："为啥不干脆理个光头呢？"

"沙漠里阳光强，必须戴帽子，头发茬能增加摩擦力。若理一个光头，风一吹，帽子就滑跑了，"他说："别小看这点头发茬，多少还能保护一下头皮呢。"一边说一边还十分骄傲地侧着脸点了点头，似乎在说："不知道了吧？实践出真知。"由此，他的头也就成了科考队员们的样板，那家理发馆也成了科考队员们的"指定理发店"。出发前一晚，科考队前方总指挥、中国林业科学研究院蔡登谷研究员也挤时间依葫芦画瓢地削了头发。在我眼里一向严肃稳重的蔡院长从未有过如此酷的装扮，所以送别时，特意同他合了影。

看到科考队员们的酷头，让我想起了梭梭。它多像我们科考队员理发后留在地上的头发啊，一丛丛，一片片，像一排排守卫沙漠的士兵。亦不由得忆起了清朝大诗人纪晓岚的诗句："梭梭滩上望亭亭，铁干铜柯一片青。"这是诗人赞美梭梭点绿荒滩、傲斗风沙的形象。

是啊，梭梭耐寒暑、抗风沙、耐盐碱、拥有"沙漠梅花""沙漠英雄"之美誉。哪里有流沙，哪里就是它的家。为了生存，它深深扎根于茫茫沙漠中，风吹不倒，沙摧不折；有雨吸附，无雨自释；蓝天下，绚丽迷狂，辽阔挺拔。虽然没有杨树高大魁梧的身材，也没有柳树婀娜多姿的形态，但却有槐树的坚韧，白杨的质朴。

梭梭，真正的沙漠英雄！——我们科考队员的真实写照。

31

我心中的"沙漠神灵"

海拉提·胡斯曼

哈萨克族，甘肃安南坝野骆驼国家级自然保护区管理局。主要
从事保护区生态宣传及建设管理。

甘肃安南坝野骆驼国家级自然保护区由 2006 年 2 月 11 日经国务院办公
厅批准晋升为国家级自然保护区，平均海拔 3100 米以上，总面积为 39．6 万
公顷，其中核心区 12.85 万公顷，缓冲区 12.05 万公顷，实验区 14.7 万公顷。
保护区位于甘肃省阿克塞哈萨克族自治县境内西部，地处阿尔金山北麓，库姆
塔格沙漠南沿，西邻新疆罗布泊野骆驼国家级自然保护区，南靠青海省，北接
西湖国家级自然保护区。安南坝保护区是属于野生动物类型的自然保护区，主
要保护对象是双峰野骆驼及其栖息环境，区内的自然资源较为丰富，并且生境
维持在良好的自然状态，几乎未受到人为破坏。由于保护区地处阿尔金山从南
之北下泻地段，形成了一条条顺势而下的地表径流河沟，再加上阿尔金山冰川
和冬季积雪，成为保护区地表径流和地下水资源的主要补给源。尽管这些水源
还没流出山沟河口就被砾石戈壁或沙漠荒滩吞食渗入了地下，但也就形成了像
安南坝河、野马泉、斯木图、苦水河等泉眼河流，以及一些山区基岩裂隙或沙
窝贮水类型的零散的季节性临时水源，使得身心机灵的双峰野骆驼经常出没在
这里，从严酷干旱的罗布泊、库姆塔格沙漠边缘走进这些水源畅饮歇渴后就消
失在茫茫戈壁之中⋯⋯

近五六年以来，由于随着社会、经济的大发展，从过去的无人区变为现

在的探矿、探险热闹区，有不法分子大显身手驾车驰骋的，也有梦想探宝发大财的应有尽有。当地一位村干部告诉我："现在这里每天要看到至少在两辆以上的高级越野型车辆驶过南疆公路（S314 道路），有甘肃的，也有青海和新疆的，他们来去匆匆不知道在干啥？叫停带个人什么的还理都不理……"

保护区管理局宣告成立我就从自治县电视台调到到这里工作，尽管自己不是一名正规的林业专家，但是带着对野骆驼的深厚感情和探索大自然的神秘感，梦想发挥一下自己多年的摄影爱好！在保护区里奔波了 3 年多的时间，开展了一些保护检测工作，自然对野骆驼有了一些初步的了解和感性认识……

野骆驼在哈萨克族语言当中叫"土叶克依克"，"土叶"指的是"骆驼"，"克依克"指的是带有神秘色彩的动物，也就是说具有"神灵般地"意义，所以，野骆驼称之谓"沙漠神灵"可能比较恰当一些。再则，野骆驼非常机灵聪明，与其他一些野生动物相比较，它能在 10 多千米范围以外察觉到逼近的威胁，在受到惊吓后不停地奔跑 80 多千米以外的避险之地才留足观察是否已经安全了。还有，它具有群体共同保护弱小者的本领。我在 2009 年 7 月 1 日的一次巡护当中，为了观察一处泉眼的水源情况徒步来到"胡杨泉"峡谷，那是一个被悬崖绝壁包围着，只有通过狭小的山沟口才能进出的地方，也是方圆百

大家要保护好孩子！

特立独行

余千米以内唯一的一眼泉水，水流很微弱，在干旱年代的夏季里，水源收缩到野骆驼无法到达的地方，这里也就见不到野骆驼的身影了。当我走到山沟口子时发现一群野骆驼惊慌失措站在那里已经无法逃跑了。"这一下好了！"于是我就蹲下身子一边准备照相机和摄像机，一边想真够幸运能够这样近距离遇上野骆驼，最想到的一件事就是保护它们！不要让它们因为受惊吓欲逃生而在这峡谷砾石里受到身体碰撞伤害。大约10分钟后开始有了些适应我的感觉，它们群聚成一团紧张地一起望着我……摄像机固定到一座石头上开机放下记录它们整个当前的表情和动作，自己猫腰轻手轻脚地在距离十几米左右来回拍照。天啊！12峰母驼当中只有一峰是当年出生的小驼羔，而且大的把那一峰小的包围在当中不让我拍照，我努力使它们散开一点，好了……哎，拍上了！我也很兴奋紧张！可怜的沙漠神灵啊，我再别过多的惊扰你们了……大约1小时后我漫步走出山沟很快就消失在那里。

2008年8月19日，也是在一次巡护检测活动中发现一处狼和野骆驼搏斗的痕迹。通过对那里进行一小时左右的勘测记录，发现这里就是昨晚上野骆驼熟睡的地点，在梭梭沙地里留下蹲下的印迹表明大概有7峰，其中2峰小驼羔，

5 峰大野驼。根据蹄印判断昨晚夜里有两匹狼从西南角袭击了正在熟睡当中的这 7 峰野驼，然而机灵的野驼发现狼来了，立即采取行动在梭梭林里绕着周旋了 3 圈后，有 3 峰大驼将狼引往东北方向跑去，两峰大驼护着两峰小驼羔朝西南方向安然走去……。家族群体掩护小驼羔是野骆驼种群的真正本领。

野骆驼与家骆驼相比，野骆驼身心机灵、反应敏捷、矫健迅速，它一脸和善气质。乍一看，野骆驼与家骆驼十分相似，但它们是截然不同的种群。家骆驼体型外观显胖，驼峰显高大，脖子和大腿绒毛纤维较长较多，四肢粗短，奔跑速度十分迟缓；野骆驼体型显得敏捷矫健，驼峰小而间距大些，几乎全身都是绒，脸部眉骨凸出且鼻孔大，四肢显细长，犹如长跑运动员。

作者哈萨克文手迹

217

32

荒漠精灵
——小记追寻野骆驼

袁 磊

博士、高级工程师。新疆罗布泊野骆驼国家级自然保护区管理局。英国野骆驼保护基金会理事，伦敦动物学会濒危物种保护签约会员。

　　漫漫黄沙、烈日炎炎，沙漠泛舟的商旅在炙酷中缓缓的翻越一座又一座的沙丘，在生灵绝迹的大漠沙海中艰难跋涉。那是什么？在望不到尽头远方沙海中出现了一个黑点，紧接着又是一个……在这旱极之地会是什么东西？近了，是骆驼，是野骆驼。它们峻拔的身躯在这荒芜的大漠深处，在这炙热的沙海中步履坚毅的矫健前行，那是一种怎么样的惊叹，惊叹在这鸟兽无踪的荒芜世界依旧生存着这样一种体型硕大的哺乳动物，难道不是一种奇迹！

　　2001 年 2 月 6 日，联合国环境规划署宣布：基因鉴定表明，中英科学家 1999 年在中国新疆南部无人区联合发现的野骆驼遗骸，属于一种新的骆驼物种。联合国环境规划署官员在此间举行的记者招待会上说，科学家对遗骸进行的基因鉴定表明，这种双峰野骆驼与家养骆驼的基因存在 3% 的差异，从而基本可以确定是一种新的骆驼物种。据估计，这种野骆驼总共不到 1000 头，其濒危程度超过大熊猫。

　　我们现在知道了野骆驼是一种珍稀物种，是我国的一级保护动物，更为世界多个动物保护组织列为极度濒危物种。但 20 世纪 90 年代前，人们对野骆驼的研究比较少，这种物种究竟在什么地方有分布，到底还有多少生存在我们这个星球？带着这些疑问，我们开始了对野骆驼的追寻。

1994 年 9 月，在蒙古的首都乌兰巴托召开了第一届中亚持续发展国际会议。这个会议上，联合国环境规划署官员约翰·海尔先生结识了新疆环境保护科学研究所副所长袁国映研究员，经过交流，两人谈话很投缘，在野骆驼研究与保护方面的想法不谋而合，决定对分布在中国的野骆驼进行合作考察。我有幸亲历了这之后十余年的合作过程，成为追寻野骆驼的见证者，并至今依旧为野骆驼的保护工作着。

追寻野骆驼的旅途时常给我们带来惊喜，但突发的危险、难料的困难始终伴随考察全程。当时考察队的装备简单，没有现代化的 GPS 导航设备、没有卫星电话、也没有性能卓越的越野汽车，有的仅是一张张纸质地形图、两个军绿色的地质罗盘、一辆老式的东风卡车和一辆北京吉普。但这支野骆驼国际联合考察队伍却有着新疆著名的生态学与动物学专家袁国映研究员，有着执著于野骆驼保护事业的联合国环境规划署官员约翰·海尔先生，有着野外工作经验极为丰富，在罗布泊区域有近 30 年地质工作经历的向导赵子允，还有着像我一样对野骆驼考察与研究充满热情的青年。

第一次和野骆驼亲密接触要追溯到 16 年前的第一次国际野骆驼联合科学考察。1995 年的一天，考察队在库姆塔格沙漠的南缘徒步考察，走了很长的路都没有太多收获，大家已经很疲劳了，就在计划结束一天考察工作的时候，惊喜出现了，而这也应验了我们野外工作时常说的"奇迹就在前面"。远处戈壁沙漠边缘居然立着一头野骆驼，大家开始兴奋起来。徒步缓慢靠近，再靠近。这头骆驼开始变得焦躁起来，不停地转着圈子，低声吼叫着，但就是不愿离开那个地方。这时队员们才发现野骆驼旁边还有一个麻袋一样的东西在不停地动着。原来是一头小骆驼，是一头刚出生不久的幼仔。驼羔试图颤颤巍巍地站立起来，似乎急于随母亲一同离去。我们停下了脚步保持距离，避免惊扰到母驼弃羔而走。驼羔经过几次努力尝试后，终于站了起来，缓缓地随母驼远

袁国映与约翰·海尔（前，从左至右）
赵子允和加斯帕（后，从左至右）

三国（中国、英国、蒙古）联合考察队

去。队长袁国映研究员手中的相机记录下了这次令人惊喜的偶遇，这张相片也成为人类历史上首次在野外拍摄到野骆驼和刚出生的驼羔。

1996年春，这是联合考察队第二次进入罗布泊野骆驼分布区。一天要对湖盆西岸的雅丹区进行徒步考察，临出发前，队长袁国映研究员安排人员在营地架起一个长约3米的木杆，顶上绑着一只100瓦的灯泡。如果队员没有回来，天黑以后就启动发电机点亮灯泡。在夜间，十余千米以外都能很清楚地看到这高高挂着的明灯。考察队员一行6人随后离开营地出发了，一路上沿着干涸的古河道行进。由于考察路线较长，全天行走了近60千米，一直到天快黑的时候，才开始返程。队伍中一名队员腿部有伤痛，在长距离行走后，逐渐跟不上队伍的速度。于是决定把6个人分成两个小组，一个小组由袁国映研究员、约翰·海尔先生和一名考察队员在前面先回去，我和向导带着腿部受伤的队员在后面慢慢走。天很快就黑了，我时不时地爬上河岸去观望，遥远的地平线上那盏明亮的灯闪烁着，指引着我们行进的方向。夜里1点多，第一组人员在灯光的指引下，终于回到了营地。而此时，灯距离我们还是那么遥远，好像天边明亮的星星一样，可望而不可即。就这样我时不时地爬上河岸去看那盏指引我们方向的明灯，看着那灯越来越近，我们的信心也越来越足。夜里3点多，当我再一次爬上河岸，心里忽然一阵冰凉，那盏给予我们信心的明灯熄灭了。不知道营地的具体方位，不能再乱走了，我们三人决定原地休息，等天亮再说。4月的罗布泊寒风料峭，走了一天的路，我们也是饥渴交加，况且穿的衣服也都比较单薄。为了御寒，我们在地表挖了一个浅坑，拾了些枯死的红柳枝干，点上一堆篝火，之后再用沙土覆在上面，我们三个人就相依着躺在这个暖和和的热炕上熬过了难眠之夜。天蒙蒙亮，我从沙地上爬起来，举起望远镜向四周望。这一看，大家都乐了，营地就在距离我们不到500米的地方。原来昨夜发电机里面的燃油烧完了，夜已深，估计我们会就地休息，等天亮再走，也就没有再点亮那盏灯。

1997年的春季，考察队再一次进入罗布泊阿尔金山区域对野骆驼进行考察。为了避免考察过程中车辆的轰鸣对野骆驼的惊扰，我们这次考察组织了近20头家骆驼，骑上家骆驼去寻找野骆驼成了后来多次使用的方法。这次考察队新增了一个来自非洲肯尼亚的单峰驼专家加斯帕，以及4名驼工。一共9人的队伍中，60岁以上的就有5人。开始几天较为顺利。一天早上，约翰·海尔和我躲在一丛高大的铁线莲灌丛后面，等来了2头野骆驼悠闲地从我们身边经过，没有受到惊扰。但春季变幻不定的气候正在给我们追寻野骆驼的道路埋下一个巨大的陷阱。驼队来到罗布泊湖盆南缘洛瓦寨陡峭的岸壁上扎营的第一天，不期而遇的黑风暴就在黑夜中肆虐地摧残着我们单薄的营帐。等到大地安静下来的时候，天也逐渐亮了起来。大家除去一身的沙土钻出饱受撕扯的营帐，发现营地周围休憩的骆驼伙伴们不见了，只有一头白色的母骆驼和一头小骆驼还在原地吃草。一开始，我们并没把这当回事。骆驼吃草的习性是边走边吃，不会像山羊一样，把一个地方的草全部啃食干净，甚至连根都要刨出来，这本身就是值得学习的一种环境保护意识。所以驼工们估计这些骆驼应该是在远些的地方吃草去了。经过数小时的搜寻未果后，大家意识到问题的严重性，我们的骆驼丢下我们自己逃走了。遇险紧急方案很快制定出来，2 个驼工带上留下来的小母骆驼和 4 天的吃喝顺着我们走失的骆驼足迹追寻，其余的人在营地守候。由于没有卫星电话，也没有电台，无法和外界取得联系，只有靠自己的力量走出困境。我们对所有的公用和私人的食品和水进行仔细的统计，并全部放进了我的营帐中集中管理，严格发放每天的食品和水。好在我们带着数量不少的骆驼饲料——包谷，而扎营的地方又有溢出的泉水，虽然是苦咸水，但可以泡软包谷粒，然后用石头磨成玉米榛子煮来吃。一开始，大家对两名驼工去找寻我们的家骆驼满怀信心。大家每天的工作是在陡崖下面泉水溢出带拾柴，背到崖顶的一个小土丘上，白天点烟，晚上点火，给找寻我们家骆驼的驼工们指引方向。到了第 4 天，寻找家骆驼的两个驼工还没有回来，大家开始有些着急。队长袁国映研究员为了安稳大家的情绪，练起了气功，不仅自己练，还教其他的人一起来练。两个外国专家也每天早晚很认真的跟着练习，为了靠双腿走出罗布荒漠做准备。一只鹅喉羚也每天早晨定时的来到我们营地周围找寻食物，与队员们相伴。第六天了，头天晚上大家已经做好了安排，如果带着四天吃喝的驼工今日还回不来，我们就不能再等了，而要用自己的双腿走出这大漠戈壁。这个决定如果被实施，对于这个大龄考察队来说，代价将是巨大的。又是一天焦急的等待，临近黄昏，就在大家再一次准备点燃篝火，为已不抱期望返回的驼队最后一次指明方向的时候，突然，我看见地平线上出现很多小黑点，逃走的骆驼被找回来了。

袁国映研究员和约翰·海尔先生最初在乌兰巴托的想法成就了延续至今的十余年野骆驼研究与保护：1995 至 1999 年连续多年在罗布泊—阿尔金山荒漠无人区进行野骆驼考察、全球环境基金会无偿资助开展罗布泊生物多样性保护、自治区人民政府批准扩建成立了 7.8 万平方千米的新疆罗布泊野骆驼自然保护区、成立野骆驼保护基金会、多次召开野骆驼国际研讨会、促进中蒙两国合作开展野骆驼的保护与研究、广泛的国际动物保护组织合作和对野骆驼保护进行宣传……

我们期望有更多的人加入到野骆驼保护的行列中，为野骆驼在这个蓝色星球与我们共生而尽微薄之力。

33

库姆塔格沙漠外围科学考察散记

左合君

博士、副教授。内蒙古农业大学生态环境学院院长助理。中国治沙暨沙业学会理事，中国水土保持学会会员、风蚀防治专业委员会常务副主任委员。

2007 年 11 月 6 ~ 12 日，作为库姆塔格沙漠科学考察项目综合组（或模式组）成员，我与综合组组长、中国林业科学研究院高新所研究员杨文斌、甘肃省治沙研究所的两位同仁一道对甘肃省境内库姆塔格沙漠外围地区进行了科学考察。尽管考察时间较短，但感触良多，既有对沙漠科学问题的思考，又有对当地自然环境的担忧，也有参加本项目考察的自豪感和责任感。感慨之余，形成如下断续文字。

一些值得思考的科学问题

刚刚完成的综合科学考察结束了库姆塔格沙漠没有多学科综合科学考察的历史，掀开了我国沙漠科学研究的新篇章。然而，对库姆塔格沙漠的研究来说，这只是一个漫长的开始，有很多科学问题需要我们进一步研究和探索。尽管，本次考察只是作为综合考察项目的一个分队，对库姆塔格沙漠周边进行了踏查式的调查，但仍对库姆塔格沙漠的一些科学问题进行了思考，提出了一些问题，也产生了一些初步想法。归纳起来有以下几方面。

（1）库姆塔格沙漠沙物质来源和沙漠形成原因是什么？库姆塔格沙漠高大的沙山的形成与下覆地貌之间的关系如何？库姆塔格沙漠的形成时间与青藏高原隆起时间的关系如何？库姆塔格沙漠地质历史时期和人类历史时期环境的变迁情况？

（2）库姆塔格沙漠及其周边地区水系变迁过程如何？库姆塔格沙漠现在的自然环境与祁连山、阿尔金山的北麓出山径流，党河、疏勒河河道、水量变化之间的关系？

（3）库姆塔格沙漠植被类型与同纬度相邻地区地带性植被的差异性？地下水赋存情况如何？

（4）关于雅丹地貌的形成机理问题，过去学术界认为风化作用、流水作用、风蚀作用是雅丹形成的主要外力，但对雅丹的形成过程缺乏分阶段的细节描述，更无法说明雅丹形成过程的各个阶段主要外力是什么？通过本次考察，我们发现在崔木土沟东侧国画山东麓的老河床（现在还有季节性流水）内分布有较大面积的雅丹地貌，其走向与流水方向基本一致，其质地较疏松，很明显是流水作用形成的。在敦煌雅丹地质公园考察时发现，公园东侧也有雅丹，稀疏分布在昔日的旧河床中，走向与流水方向一致；在公园内，雅丹的分布相对较集中，但其走向差异较大，有的与当地主风向（西北风、东北风）一致，有的与主风向大角度相交，甚至相垂直；公园的海拔高度低于周边地区，且雅丹集中分布区的海拔高度普遍低于周围的戈壁；雅丹顶部和两侧质地坚硬。根据以上现象，我认为敦煌雅丹的形成流水作用的贡献最大，它对雅丹雏形、轮廓的形成具有决定作用，而风蚀对后期雅丹形态的塑造作用显著。但为什么雅丹走向有很大差异性？流水来源、变迁情况，其下覆地貌与库姆塔格下覆地貌有无关联等问题还无法解答，期待综合科考的阶段性成果能够说明一些问题。

（5）月牙泉补水工程正在施工之中，该工程上马前是否弄清了月牙泉水分的补给途径？能否达到预期的效果？年补水量是否影响敦煌绿洲的生产生活？这些问题一直使我担心和忧虑，既担心月牙泉水位持续下降、最终干涸，也忧虑党河水量的不断减少，月牙泉补水会影响敦煌绿洲的农业生产。能不能兼顾保护月牙泉自然景观和保障敦煌绿洲的可持续发展，希望有更好的途径和办法。

敦煌绿洲的灌溉农业

敦煌因其悠久的历史文化和享誉世界的莫高艺术，一直备受国内外人士的广泛关注，但很少有人对敦煌绿洲的农业引起重视。没去敦煌之前，我也有同样的感受。敦煌作为河西走廊的最西端，降水不足40毫米，从农业发展的环境因素考虑，传统农业只能是低产、低效、非主导产业。然而，近年来敦煌绿洲的灌溉农业却发展迅速，形成了以葡萄种植为龙头，棉花种植为补充的新的农业种植格局，其农业经济效益成为河西走廊地区乃至甘肃省的状元地区。出现了如南湖乡、阳关林场、阳关镇小康村等一批新农村建设的典型，葡萄亩产5000～8000千克，每亩收入6000～10000元，每户收入7万～8万元左右。阳关镇小康村由政府统一规划、统一组织施工，户户新建了崭新的2层住宅楼。敦煌绿洲农业的跨越式发展，一方面得益于当地不断调整种植结构，培育葡萄产业的产、供、销渠道，另一方面也得益于当地的昼夜温差大的气候特点和党河水的滋养。因此说党河是敦煌的母亲河一点也不为过。

但是，我们在赞叹敦煌绿洲农业发展成就的同时，另外一个问题却又让人不得不担忧。长期以来，党河的水资源是敦煌农业的命脉。调查发现，由于党河上游阿克塞用水量的加大和气候原因，党河水库来水量近年日渐减少，这给敦煌农业的发展带来严重影响。为解决党河水量不足的问题，当地大量开采地下水用于灌溉，敦煌官方数据显示，该地共有2000多眼机井，但当地农民估计至少有3000多眼机井。大量开采地下水使敦煌的地下水位快速下降，这一问题已引起当地政府的高度重视，敦煌政府已下发关井压田的文件，明确要求机井压缩一半，不再允许新开农田。这一措施固然能减少地下水的开采量，但农业用水矛盾却无法解决，不利于绿洲农业的发展。面对党河来水量的减少、分党河水补给月牙泉、地下水限制开采的水资源利用局面，如何解决用水矛盾，成了近期敦煌的一个严峻挑战。

目前，敦煌绿洲农业还是传统的渠道灌溉，加之没有确定合理的灌溉定额，水资源浪费严重。通过调查我们初步认为，敦煌的葡萄产业是一种高耗水、高产出的产业，但水资源的利用方面还有潜力可挖。对于葡萄产业来讲，农户的收入高，资金积累也多，可以考虑通过农户出资、政府补贴的方式，建设滴灌、渗灌等节水工程，减少农业用水量，解决水资源不足的问题。同时还可以执行阶梯水价，控制葡萄种植规模的进一步扩大。

库姆塔格沙漠外围地区的林业生态建设

关于库姆塔格沙漠外围地区的林业生态建设，通过对黑山嘴、党河引水干渠两侧、肃州镇高台堡村、七里镇石油基地、阳关林场、莫高窟、阿克塞等地的调查，我们认为，库姆塔格沙漠外围地区的林业生态建设成效显著，有许多值得推广的经验，也有一些有益的尝试，但问题也不少。

七里镇石油基地外围防风阻沙林带共有4带，每带宽10米，树种以杨树、沙枣、柽柳为主，配置为7乔2灌或9乔2灌，株行距1米×1米，林带完整、林相整齐，防风阻沙效益显著，但每年都必须进行灌溉。从节水的角度看，乔木比重太大，株行距太小，耗水太大，且耗水逐年增大。

黑山嘴、党河引水干渠两侧防风固沙林同样存在乔木比重太大的问题，

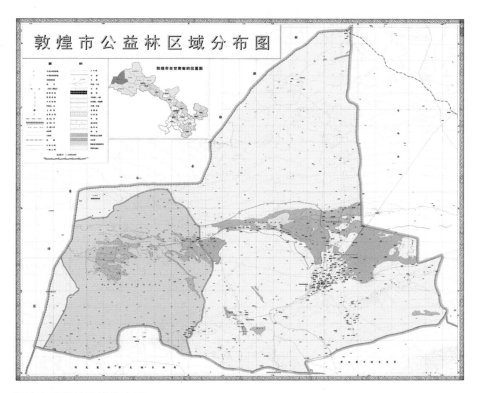

敦煌市公益林区域分布图

225

敦煌葡萄种植园

七里镇石油基地生活污水灌溉的防护林

保存率低，且长势不好。相同地带建立防风固沙林应避免以上问题。

阳关林场原有固沙片林以杨树为主，由于地下水位下降，地表水减少，大面积出现枯梢、死亡现象，既不让砍伐，也无资金改造，防护效能急剧下降。

莫高窟顶部防风阻沙林由于树种选择合理，全部选择耐旱灌木，又有滴管系统，长势良好，其树种选择和配置的经验值得推广。

肃州镇高台堡村、七里镇石油基地、党河河床采用敦煌市未经处理的生活污水进行灌溉，培育的杨树苗木长势良好，但灌溉中发现苗木初植期对树木有一定影响，后期影响不大。我们认为，用未经处理的生活污水长期进行灌溉必然对土壤造成污染，但考虑该地没有污染工业，目前可进行灌溉试验，试验范围不宜过大。试验期应进行水质化验、土壤污染监测和树木生长监测评价，以确定今后是否有推广前景。

阿克塞自治县境内库姆塔格东部沙带红柳湾地区的防风固沙林的建设规划科学，树种选择合理。沿红柳湾的柽柳锁边固沙林阻滞了库姆塔格沙漠的向南扩展。县城上风向的骨干防护林林、路、渠配套，乔灌混交，乔灌比重适当，间距 600 米，长 3500 米，计划建 17 条，已建成 4 条。目前已形成以沙漠锁边林、骨干防护林、天然植被封育保护为重点的林业生态建设工程。该地林业生态建设模式符合当地的自然环境，有很高的推广应用价值。

34

敦煌西湖湿地
国家自然保护区考察感言

杨文斌

博士、研究员、博士生导师。中国林业科学研究院荒漠化研所。从事防沙治沙研究三十年，任中国地理学会沙漠分会常务理事，享受国务院政府特殊津贴，是内蒙古科教兴区突出贡献奖和内蒙古经济新闻人物奖获得者。

2007 年 11 月 10 日早晨，我们综合组的四位研究人员与保护区管理站的 4 位同志分乘两辆车从敦煌出发，赶往西湖湿地自然保护区。一个半小时后到达盐池湾玉门关管护站，然后由此进入保护区缓冲区，一天的时间，先后经过马圈湾、后坑子、大马迷兔、土豁落、多坝沟（下游）、湾腰墩、小马迷兔、火烧井子、二墩保护站，穿过了保护区核心区的主要地段。一路上，时而穿过一望无际、淹没车辆的芦苇荡，时而爬行在起伏跌宕的山前谷地，时而奔驰在疏松的戈壁滩，间或又在形状各异的怪树林里穿行。随着汽车的一路前行，我们的眼睛也觉得不够用，只顾着窗外的景观变化，却顾不得汽车颠簸时应有的自我保护，于是，一会儿头碰在前排的座位上，一会儿又顶在车棚上。大家诙谐的说是接受了一天免费"按摩"。

没来过敦煌时想到的只是莫高窟文化和艺术，鸣沙山的陡峻和沙响，月牙泉的独特和沙水的和谐共存；到了敦煌，才知道除了文化、艺术、沙漠、泉水，还有一处不见不信，见了还不敢相信的西湖湿地。我也多次去过库布齐沙漠、乌兰布和沙漠、腾格里沙漠、毛乌素沙地、浑善达克沙地、呼伦贝尔沙地，也看过干旱半干旱区的湿地、湖泊，对于沙区也不算是孤陋寡闻，但第一次到了这里，还是惊叹这里居然有如此大面积的湿地，芦苇淹过车顶，看见的只是车后刮起的尘土，曾经呼伦贝尔草原"风吹草低见牛羊"的景观也不过如此，确不如此，这儿是"风吹草低不见车"的芦苇荡。

随行的保护区袁海峰站长告诉我们，20世纪70年代，西湖湿地保护区的后坑子、大马迷兔、火烧湖、湾腰墩等地还有大面积的常年集水的湖泊存在，疏勒河和库姆塔格沙漠南部承接阿尔金山冰雪融水的多坝沟、崔木土等多条沟道的季节性流水和穿过库姆塔格沙漠的地下渗流的水都汇集在西湖，孕育了碧水成串、胡杨蔽日、柽柳花红连一季、芦苇金秋又一年的美丽西湖湿地，这也可能是古代把玉门关修建在此，并建有许多烽火台的重要原因。短短30多年的时间，这里的湖泊大部分消失了，有的成为季节性湖泊，只有感叹大自然的不可抗拒和无情。是阿尔金山的冰雪融水少了吗？是人类扩展绿洲过度采用了贵如油的水资源吗？还是全球气候变化的结果？西湖的波光没了，只留下一个美丽的名字叫"西湖"。

过去，人们都说中国的胡杨在塔里木河、黑河流域，却不知西湖湿地自然保护区也有大面积的胡杨林；我们考察了一处地名叫"下阴死道"的胡杨林，根据当地向导介绍，在20世纪50年代，这里分布着遮天蔽日的胡杨，郁郁葱葱，树干粗大；在"下阴死道"胡杨林洼地旁边的一处制高点上，建有一个保存完好的烽火台，在烽火台的东侧，有明显的一个长方形的建筑物残留的遗迹；这是我们查看的十多个烽火台中唯一一个与房屋连建的；传说，由于穿越该片胡杨林的士兵被阴死在林中，无法穿过，才在该烽火台边建了一个驻兵的小屋，该片原始林被叫做："下阴死道"胡杨林。但是，在20世纪50年末，修建南疆公路、玉门油田以及70年代修建党河水库时对这里的胡杨进行了大量的砍伐，生长良好、粗壮的胡杨基本砍伐殆尽，只剩下老弱病残的胡杨。现在可以看到的是砍伐、锯过的痕迹，一片残墩劣木，地表已经盐化，形成厚厚的盐壳。行车途中，路过好几处枯死的胡杨林，其形态与阿拉善额济纳的"怪树林"相差无几。现在，进入胡杨林也需要性能良好的越野车，无法想象当年修建南疆公路、玉门油田、党河水库时人们的热情、斗志和蚂蚁搬家的群体能力，只能赞叹人类改变自然和征服自然的能力。

35

库姆塔格沙漠地名略考

严 平

博士、教授、博士生导师。北京师范大学。主要从事土壤风蚀
与荒漠化防治研究工作。

2007 年 9 月 17 日，在沙漠泉考察中，马木利局长（马局）说"沙漠泉在
当地被称作库木布拉克，在维语中，库木是沙的意思，布拉克是泉的意思"。
从沙漠泉出来，马局总结道"库姆塔格沙漠的地名，要了解它的含义，就容易
记住了"。

我们很容易理解库木布拉克，一是"库木（姆）"，我们此时置身于库姆
塔格沙漠这个巨大的沙山中；二是"布拉克"，这也是熟悉的词。而对于更多
的库姆塔格沙漠地名，我们的确很是生疏和新奇，像马局那样脱口而出"卡拉
喀什塔格"，我们还真有点费劲和一知半解。

在考察工作总结之余，本着探本求源、详今略古的原则，对库姆塔格沙
漠的地名做一粗略的考证，以期对今后的科学考察和地名编纂等有益。文中主
要地名参见图 1。

知名度以百度搜索（2011 年 2 月）统计为据，搜索结果大于 100 万，记
为 ******；10 万 ~ 100 万，为 *****；1 万 ~ 10 万，为 ****；1000 ~ 1 万，
为 ***；100 ~ 1000，为 **；小于 100，为 *。知名理由按主导因子列之。

库姆塔格沙漠（图片来自Google）

库姆塔格及其周边

库姆塔格沙漠（Kumtag desert）：维语"沙山"。在早期的史书中，如《史记》《汉书》《佛国记》《大唐西域记》等多以"（流）沙河""莫贺延碛"概之，似有关联，但所指不详。清代徐松（1821）《西域水道记》中的"库库沙克沙（砢砢砂石）"是否相关？尚待考。陈宗器（1936）在《地理学报》"罗布淖尔与罗布荒漠"一文中称"孔塔格荒原"（Kum Tagh desert），恐为国人最早之正名。1939年《本国分省精图》（欧阳缨著，亚新地学社发行）在"新疆省"图幅中标出"孔塔格沙漠"，似为最早之图示；之后，1948年《中国分省新地图》（金擎宇编纂，亚光舆地学社出版，大中国图书局发行）在"新疆省"图幅中标出"白龙堆（库穆塔格沙漠）"，1950年《中华人民共和国新地图》（光华舆地学社编制，三联书店出版）沿用"白龙堆沙漠"。1974年《中国沙漠分布图》以及1975年1：10万地形图、1989年1：25万地形图均标为"库木塔格沙漠"；朱震达（1980）《中国沙漠概论》记为"库姆达格沙漠"。在国外探险家中，最早马可波罗（1298）将此记为"罗布沙漠"，之后普尔热瓦尔斯基（1888）、斯文·赫定（1905）、斯坦因（1921）等均采纳"沙山"之名。另外，新疆有两处沙漠也冠以此名，一是位于鄯善县南部面积2500平方千米的库木塔格沙漠，奥勃鲁切夫1894年考察到过此处，在Google Earth上标注的库木塔格沙漠指于此，是众多旅游公司推荐的沙漠景点。另一处，在新疆布尔津有一片沙漠，夏训诚在《新疆沙漠化与风沙灾害治理》（1987）中定名为"布尔津库姆塔格沙漠"。

知名度：******。知名理由：地理与科考、旅游。

罗布泊（Lop-Nor）："罗布"为古突厥语"聚水之地"，"淖（尔）"为蒙语"湖泊"。历史上，罗布泊曾被称为坳泽、盐泽、涸海、蒲昌海、牢兰海、孔雀海、辅日海、临海、纳缚波等，元代称罗布淖尔，今称罗布泊，1972 年彻底干涸。陈宗器记"罗布泊即罗布淖尔，古时又称坳泽、盐泽、蒲昌海与牢兰海，实同地而异名，为新疆天山南路塔里木河之尾闾。"徐松称"坳泽广袤三百里，其水澄纯"。

知名度：******。知名理由：地理与科考、历史。

疏勒河：其名一说源于蒙古语之"黄"，如清人陶保廉（1897）《辛卯侍行记》所述"苏赖河或作素尔，或作苏勒，又有作锡拉、西喇、西赖者，蒙古语均言黄也，即汉地理志之籍端水。"另一说源于中古突厥语（sur），意为"来自雄伟大山的河流"。为中国甘肃省第二大内陆河，是河西走廊三大内陆河水系之一。"疏勒"是蒙古语译音，为"水丰草美"之意。《汉书·地理志》载"龙勒县有氐置水，出南羌中，东北入泽，溉民田。"古称"籍端水"（西汉）、"冥水"（东汉－唐）、"独利河"（唐）、卜（或布）隆吉（儿）河（元－清），又作苏赖河、苏勒河和素尔河以及胡卢河、瓠芦河、札噶尔乌珠水、窟窿河等名。全长 550 千米，流域面积 3.9 万平方千米。发源于青海省祁连山脉西段疏勒南山和托来南山之间，西北流经玉门、安西等绿洲，注入哈拉湖。

党河：蒙古语"党金果勒河"的简称，"党金果勒"的意思是肥沃的草原。汉称氐置水，唐叫甘泉，宋为都乡河，元明两朝名西拉噶金河，清代名党金果勒。源出甘肃肃北县巴音泽尔肯乌拉和崩坤达坂，为流经敦煌地区最重要的河流。

哈喇淖尔（Khara nor）：维语"黑色的湖"，今甘肃敦煌的哈拉湖（西湖），又称"哈拉齐"、"黑海子"，为党河西支之终端。徐松记"党河西支西流一百二十里，入哈喇淖尔"、"淖尔东西八十里，南北三十里，……，去罗布淖尔八百里。"

知名度：**。知名理由：历史地理。

阿奇克谷地（Achchik valley）："阿奇克"维语"苦"的意思。据王树基（1987），"这是一个典型的构造干谷。整个谷地呈东北－西南向，东起 93°子午线，西至罗布泊洼地东缘，北以北山为界，南与库姆塔格（沙山）相邻，东西长约 150 千米，南北宽 20～30 千米。"

知名度：****。知名理由：科考、地理。

阿尔金山（脉）（Arjin/Astin Tagh）：蒙语"有柏树的山"，古称龙勒山、金山（汉）或金鞍山（唐）。是构成青藏高原北边屏障的山脉之一，亦为柴达木盆地与塔里木盆地的界山，大致呈东西走向，全长 700 千米，宽约 200 千米，由六条平行的山脉组成，横跨青海省、甘肃省和新疆。西段为尤苏巴勒塔格（6161米），与昆仑山脉相接；东段称安极尔山，东延到当金山口与祁连山脉相接。

知名度：******。知名理由：地理、地质、自然保护区。

库鲁克塔格（Kurunk tagh）：维语、蒙古语"干旱之山"，属南天山东段，位于塔里木盆地东北缘，为罗布泊的北方界山。其山前洪积扇自古是东西行旅经由罗布荒原，进出西域之瓶颈。

知名度：*****。知名理由：探险。

黄文弼（1942）述"与阿尔金山蜿蜒与疏勒河床之南，东西骈行，形成东西走廊，……，自汉以来通往西域，皆取道如此，所谓阳关大道也。"

北山：即甘肃北山，东起内蒙古自治区西部的弱水西岸，西南至新疆罗布泊洼地东缘，南起疏勒河北岸，北达中蒙边境，由马鬃山、合黎山和龙首山等一系列雁行状山脉组成，东西长 1000 多千米，海拔高度 1000 ~ 3600 米。陈宗器记述"其山乃库鲁克山（即库鲁克塔格）向东蔓延，称为北山"。

知名度：******。知名理由：地质。

噶顺戈壁（Gashun Gobi）：位于新疆哈密市东南与甘肃交界一带的戈壁沙漠，又称噶（哈）顺沙漠，古时称莫贺延碛、胡卢碛、沙河等。玄奘《大慈恩寺三藏法师传》记"莫贺延碛，长八百余里，古曰沙河，上无飞鸟，下无走兽，复无水草。"《中国自然地理图集》（1984）标此为"哈顺沙漠"。

知名度：****。知名理由：历史、探险。

库姆塔格的山

金雁山（4347 米）：俄博梁以西，阿尔金山脉分为 2 支，北支为金雁山，南支为阿哈提山，其间为索尔库里走廊。为古今连接柴达木与塔里木两盆地，即丝绸古道沙河道之山道、现国道 315 线（青海西宁 – 新疆喀什）。在地质学上，以金雁山命名的金雁山组成为中元古界岩石地层单位（冯明道、李天德等，1981）。

知名度：***。知名理由：地质。

卡拉塔什塔格（2559 米）：维语"黑色的石头山"，阿尔金山山前洪积扇至库姆塔格沙漠之间的剥蚀山地，东西长 50 千米，南北宽 10 千米。

知名度：*。知名理由：本次科考。

大红山（2640 米）和小红山（2052 米）：地处阿尔金山北部、多坝沟西部，为阿尔金山山前剥蚀山地。汉唐时期称西紫亭山，《寿昌县地境》记"西紫亭山，县西南一百九十八里，其山色紫，故以为名，时人讹为子亭山。"

知名度：*。知名理由：科考、矿产。

夹山（1926 米）：《敦煌遗书》（第 5034 页）《沙州地志》黑鼻山条："山东至山阙烽（党河口沙山墩）即绝"。《寿昌县地境》记"黑鼻山，县（寿昌县，今敦煌南湖乡）西南五十里，连延西至紫金"。

知名度：*。知名理由：历史地理。

阿克塔什塔格（2959 米）：维语"白色的石头山"。阿尔金山东段山前低缓剥蚀山地，拉配泉北 5 千米。一说为古西紫亭山。2001 年，中国地质调查局在此发现了早前寒武纪岩浆活动的年代学证据。

知名度：*。知名理由：地质。

克孜勒塔格：维语"红色的山"，其中著名的是吐鲁番的"火焰山"，位于吐鲁番盆地的北缘，古书称之为"赤石山"。在库姆塔格沙漠中，也有一处山称为克孜勒塔格（2273 米），处在卡拉塔什塔格与大红山之间，也为红色剥蚀山地。1∶10 万地形图图名（J-46-18）。

知名度：****。知名理由：地理、文学。

托格腊塔格（1900 米）：红沟与恰什坎萨依之间的低缓残丘。1∶10 万地形图图名（J-46-14）。

知名度：*。知名理由：地图。

戈边山（1764 米）：阿尔金山山前低缓剥蚀山地，罗布泊北，与其东部的大尖山（1876 米）、小尖山（1916 米）相连，是库姆塔格沙漠的西界。

知名度：*。知名理由：矿业、地质。

库姆塔格的水

山水沟：位于敦煌南湖绿洲东侧，源于党河南山西侧。向达（1950）

在《西征小记》称"大沟"。其形成较晚，据侯仁之（1981）考证，山水沟的形成晚于 20 世纪 40 年代。

知名度：***。知名理由：生态环境（水资源）、旅游。

西土沟：又称"西头沟"，位于敦煌南湖绿洲西侧，源于安南坝山东侧。唐代称"无卤涧"，敦煌遗书 P.5034《沙州图经》记载："无卤涧，阔五十步，崖深一丈五尺，水阔三尺，深三尺。……。百姓用溉田苗，其水无卤，故以为号"。

知名度：***。知名理由：考古、水利。

崔木土（沟）：清末、民国时期称"推（崔）莫兔"。谢彬（1922）在《新疆游记》中记"西行戈壁七十里推（崔）莫兔，有荒村"。20 世纪 50 年代建有崔木土村和居民点（海子湾、洞子湾等），20 世纪 70 年代由于山洪灾害，被迁至敦煌南湖乡二墩。

知名度：*。知名理由：水利、生态环境。

多坝沟：又名胡杨峡，河沟名及乡村名，库姆塔格沙漠中唯一的绿洲。源于阿尔金山脉安南坝山，上游由大龙沟、青石沟汇水而成，渗入山前洪积扇，遇夹山顶托，潜水出露后为常流河，河流穿越夹山出现多处跌水（瀑布），并纳多处泉水补给，没入沙漠，洪水时可入哈拉湖（西湖湿地）。《阿克塞哈萨克族自治县志》（2004）中对胡杨峡描述为"地处崔木图山西。上起露水泉，下至苇子泉，长约 7 公里"。多坝沟村为原阿克塞县多坝沟乡（现阿克旗乡）所在地，本次科考 3 号大本营设于此。

知名度：***。知名理由：行政和农村经济。

梭梭沟：以沟中多梭梭而得名（待考）。库姆塔格沙漠中汇水面积最大、季节性水流最长的干河谷。其上游汇水区主要由东部的安南坝河、西部的苦水河和克孜勒乌增等构成，出阿尔金山后进入宽广洪积扇，东西两支流切穿卡拉塔什塔格两侧低矮山地，在三角滩西北汇合后流入沙漠。本次科考一号大本营设于其下游滩地。

知名度：**。知名理由：本次科考。

红柳沟：位于罗布泊南部、阿尔金山北麓，以沟中多红柳而得名。有村落巴什考供，原国道 313 线（甘肃安西县 – 新疆若羌县）以及现国道 315 线沿沟穿行。在沙漠东部的阿克塞境内也有一红柳沟，源于阿尔金山东段主峰（安南坝山）。

知名度：****。知名理由：地质、公路（G315）。

恰什坎萨依：马局解释为"老鼠沟"或"跑出来的沟"，"恰什坎"维语"老鼠"，

"萨依"或"赛"维语和哈萨克语意为河谷、滩地。库姆塔格沙漠西部，红柳沟东部，在前期考察（1996～1997 年）中称为"红柳沟"（K1 峡谷），似为误传（待考）。1∶25 万地形图（J-46-[1]）标为"恰什坎勒克萨依"。

知名度：*。知名理由：地质、动物（野骆驼）。

厄格孜萨依：马局解释为"双沟"，"厄格孜"哈萨克语"大峡谷"。1∶10 万地形图（J-46-17）标为"红沟"。恰什坎萨依东部，在前期考察中称为"小泉沟"（K2 峡谷），似与其上游的卡梅什布拉克（白沙泉）有关。

知名度：*。知名理由：本次科考。

克孜勒乌增：即"红沟"，"乌增"为蒙古语"乌尊或乌森"的音译，意为"水"，锡伯族人遂谐其音以"乌孙"称之。梭梭沟西支流，有多处泉眼出露。

知名度：*。知名理由：地质。

羊塔克库都克（Yantak Kuduk）："羊塔克"维语"骆驼刺"，"库都克"意为井。八一泉西南 12 千米，该处是沙漠中极少有的淡水泉，早期为野骆驼饮水地。

知名度：**。知名理由：科考（彭加木）。

八一泉（井）：位于三垅沙西，也称甜水井，当地人称羊塔克库都克，是古时沙泉群之孑遗。一说解放军进新疆时曾在此路过，发现并命名了"八一泉"。另一说为"都护泉"，似为"都护井"之讹传。

知名度：**。知名理由：探险、科考（彭加木）。

库木库都克（Kum Kuduk）：维语"沙泉（井）"，或称"沙西井"。按《魏略》记述，沙西井在三垄沙西，故名沙西井。黄文弼（1948）认为陶保廉《辛卯侍行记》中的沙沟即为沙西井，其位置在库木库都克。一说此为一广义地名，包括八一泉、羊塔克库都克等在内的泉水出露带。一般认为，该地为彭加木 1980 年失踪处。

知名度：****。知名理由：历史、科考（彭加木）。

榆树泉（Toghark Bulak）：马迷兔西北 3 千米。20 世纪 30 年代，斯坦因、陈宗器和黄文弼等人实地考察表明，玉门关以西的长城烽燧线止于榆树泉盆地东侧。陈宗器记"由古玉门关西行九十里，至榆树泉"，认为此处即为《魏略》所云"都护井"。

知名度：**。知名理由：考古。

拉配泉：维语称"塔什布拉克"，即"石头泉"。位于原国道 313 线西、阿尔金山北部山间盆地。该泉为安南坝牧民放牧饮水点，公路废弃后，偶见野驴、鹅喉羚、野骆驼等野生动物出没。

知名度：**。知名理由：地质、动物（野骆驼）。

苇子泉：多坝沟中部一泉，被沙丘覆盖，四周生长大片芦苇，泉水终年不断。附近有多坝沟瀑布及汉代烽燧（多坝沟林场 D98 烽燧）。蔡登谷总指挥日记(2007 年 9 月 22 日)中载"在沙漠里，只要你发现芦苇，附近就会有泉眼，苇子泉由此而得名。"

　　知名度：*。知名理由：本次科考。

　　卡梅什布拉克："卡梅什"马局解释为维语"骆驼鞍"或"舀水的勺子"。厄格孜萨依（小泉沟）中的重要泉眼。普尔热瓦尔斯基及 1947 年前苏联地形图中记为"阿克库木布拉克"，意为"白沙泉"。

　　知名度：*。知名理由：本次科考。

库姆塔格的沙和土

　　白龙堆（雅丹）：位于罗布泊东北部，罗布泊三大雅丹群（龙城、白龙堆和三垄沙）之一。东西长 20 千米，南北宽近百千米，古丝路之通道。此地流沙堆积，绵延起伏，盐碱风蚀，婉曲如龙。《汉书·地理志》中有"白龙堆，乏水草，沙形如卧龙"的记载。《周书·西域传》中对白龙堆的分布位置作了叙述"鄯善，古楼兰所治，……，北即白龙堆，西北有流沙数百里。"陈宗器释"因其高地蜿蜒作龙形，卤块作灰白色成鳞状，且高出成堆，故有白龙堆之名。"20 世纪 50 年代以前的地图以白龙堆沙漠（或沙地）泛指库姆（穆）塔格沙漠；《中国自然地理图集》（1984）将罗布泊以东、库姆塔格沙漠以北即白龙堆至三垅沙一带标为"白龙堆沙漠"。

　　知名度：*****。知名理由：历史、旅游。

　　三垅沙：雅丹国家地质公园内，库姆塔格沙漠东北部，扫帚状沙带收尾处，有三条大致呈东西走向的带状沙山，故称三垅沙（三陇沙、三垄沙），简称三沙。《水经注》曰"（龙城）西接鄯善，东连三沙，为海之北隘矣。"《魏略》记"从玉门关西出，发都护井，回三陇沙北头。"作为罗布泊三大雅丹群之一，三垅沙雅丹东西和南北各约 10 千米，面积为 100 平方千米，丘体高大，排列整齐，远远望去，像是停泊在戈壁中的一列列舰队。

　　知名度：****。知名理由：地理、旅游。

　　乱梁：屈建军（2005）解释为"梁状雅丹"。库姆塔格沙漠与阿奇克谷地交界地带，似为罗布泊古三角洲，呈鸡爪形，向阿奇克谷地延伸。1∶10万地形图图名（K-46-137）。

知名度：*。知名理由：地理、旅游。

土牙：即黏土梁台地，呈犄角状向阿奇克谷地延伸，似为罗布泊古三角洲之残留台地。1∶10万地形图图名（K-46-136）。

知名度：*。知名理由：探险。

三角滩：卡拉塔什塔格北、梭梭沟西支流的黏土滩地，呈三角状，发育有雏形的雅丹，为本次科考的二号大本营所在地。1∶10万地形图图名(J-46-17)。

知名度：*。知名理由：动物（野骆驼）。

其他

安南坝（Anambaruin）：阿尔金山北部山间盆地，哈萨克族语"有妈妈的地方"。斯文·赫定1900年考察到此。2006年前为阿克塞县和平乡政府所在地，此地有安南坝河（安南坝高勒）流过，甘肃安南坝野骆驼国家级自然保护区以此为名。

知名度：****。知名理由：自然保护区。

湾窑（墩）：玉门关西南约60千米，库姆塔格沙漠东北部，哈喇淖尔南部，为敦煌西部汉代长城第一燧，俗称湾窑墩。

知名度：**。知名理由：考古。

马迷兔：原名马迷途。距玉门关西约40千米，疏勒河下游的湖沼之地，溪流潺潺，盐沼片片，杂草茂密，进出玉门关的商队途经此处，因沼泽阻隔，道路迁曲，连识途老马也不免晕头转向，莫辨东西，由此得名。一说汉长城塞墙的西端点止于此。

知名度：**。知名理由：考古。

后坑：又名横坑，玉门关西约10千米，疏勒河古河道，古"西湖"所在地，原为敦煌旧塞。向达记"小方盘城西行三十里为西湖，俗名后坑子"。《魏略》云"从玉门关西北出，经横坑，辟三陇沙及龙堆"。

知名度：****。知名理由：考古。

马圈湾：玉门关西约10千米，疏勒河古河道，有汉代烽燧。1979年在此出土汉代简牍 1221 枚以及著名的西汉"马圈湾纸"。一说为后坑之今名。

知名度：*****。知名理由：考古。

索尔库里（Sorkuli）：维语"碱湖"之意，阿尔金山脉金雁山与阿哈提山之间一个长 200 多千米的狭长谷地，即索尔库里走廊，为原国道 313 线重要通道。盆地中一片荒漠，寸草不生，被称作索尔库里荒漠。美国 NASA 埃姆斯研究中心瓦伦·罗兹博士（Warren-Rhodes K A）2007 年在此寻找火星生命线索，记述"索尔库里地区位置偏远，景色独特，置身其中，我想我已经感觉到了未来某一天宇航员们登陆火星和返回月球工作时的情境。"

知名度：****。知名理由：地质与奇闻。

巴什考供：也称巴什库尔干，维语"古城堡的源头"。阿尔金山红柳河河谷中的一个村落，属新疆若羌县依吞布拉克镇。历史上为古代丝绸之路楼兰道的必经之地。

知名度：****。知名理由：地质。

胡鲁斯台（太）：蒙古语"白杨树之地"，徐松作"呼鲁苏台"，1：10 万地形图（J-46-19）标为"葫芦芦斯"。位于阿尔金山脉安南坝山西侧、赛马沟出山口处，为古代交通点，即丝绸之路楼兰道之山道必经之地。谢彬记"推莫兔……七十里胡鲁斯太，废屋无人，有泉水，荒田数顷，北有通大方盘路。"

知名度：*。知名理由：交通、游记。

羽毛状沙丘

结语

附诗一首，以此纪念我们在库姆塔格沙漠中共同度过的岁月，并铭记上述已考或待考的库姆塔格沙漠地名。

流沙河畔砢砢砂[1]，
罗布大耳西垂挂[2]。
疾风拭去现龙骨[3]，
乱梁狰狞羽毛飞[4]。
大海图卷沉枯井[5]，
卡拉山前三角滩[6]。
湖岸窑墩烽烟起[7]，
拉配泉边闻蹄声[8]。

注：

[1]"流沙河"指三垅沙一带《大唐西域记》所载的"八百里流沙河"，或指库姆塔格沙漠；"砢砢砂"源自徐松《西域水道记》中"砢砢砂石"，是否与库姆塔格沙漠关联，待考。初步考证为今敦煌市黄渠乡北部的"砂石墩"。

[2]指罗布泊"大耳朵"，夏训诚（2007）解释到"罗布泊干涸湖盆的形状，在卫星上拍摄得到的影像，极像人的耳朵轮廓，于是'大耳朵'的名字便叫了开来"。

[3]"龙骨"指"白龙堆"。

[4]"羽毛"指羽毛状沙丘，库姆塔格沙漠之典型沙丘类型。

[5]"大海"是唐代大海道（Degha）之简称，源自敦煌文书中唐代《西州图经》残卷（P2009），为沟通吐鲁番与敦煌之间的丝路古道，始于曹魏，废于北宋，但具体路线不详，湮没在历史尘埃之中；枯井是指《魏略》中的"都护井"（榆树泉，已干枯）。

[6]"卡拉山"指"卡拉塔什塔格"。

[7]指哈拉湖（哈喇淖尔）南岸的湾窑墩（汉代长城第一燧）。

[8]"蹄声"即野骆驼或鹅喉羚等野生动物的蹄声。

36

沙山如花

卢 琦

研究员、博士生导师。中国林业科学研究院荒漠化研究所所长，水土保持与荒漠化防治学科带头人。主要从事荒漠化防治和荒漠生态学等研究工作。享受国务院政府特殊津贴。时为"库姆塔格沙漠综合科学考察"项目主持人。

　　抬眼窗外，正值冬雪弥漫，落地如沙。对面墙上，挂着一幅库姆塔格沙漠羽毛状沙丘的鸟瞰照片，拍摄者是美国国家地理的 George Steinmetz。照片美如梦幻，沙丘璨若夏花。这，就是库姆塔格，汉译"沙山"。

　　库姆塔格，一个曾经神秘、遥远而美丽的名字。

　　我第一次听说这个名字，是在 1995 年 7 月。当时我刚从中国科学院综考会（现在的中国科学院地理科学与资源研究所）毕业到林业部（现在的国家林业局）治沙办上班，第一次公差就是去宁夏中卫的沙坡头参观铁路治沙。这是我平生第一次亲近沙漠、第一次感受辽阔、第一次知道沙瀚如海……也正是这次经历，使我从此与沙漠结下了不解之缘。

　　一晃许多年过去，转眼到了 2004 年 9 月。甘肃治沙所和中国林业科学研究院林业研究所合作建立的"甘肃省荒漠化防治重点实验室"在兰州召开一届一次学术委员会议，晚上同沙漠所（现在的寒旱所）杨根生老师聊天，他和我讲起库姆塔格沙漠考察一事。

　　杨老师早在 1973 年就曾随中国人民解放军测绘部队进入库姆塔格沙漠，任务就是根据航空像片现场调绘编制库姆塔格沙漠地区地形图。出于保密的需要，当时没有留下任何考察资料。20 世纪 60 年代，由于我国在罗布泊地区进行原子弹爆炸试验，库姆塔格沙漠从此就成了普通人的一个禁区，就连1959年开始的全国沙漠考察也唯独遗落了库姆塔格。

1980年，朱震达先生在《中国沙漠概论》一书中，以航空像片判读为基础，首次提出库姆塔格沙漠分布有羽毛状沙丘的判断。作为老一辈沙漠学者，杨老师一直为没能立项开展库姆塔格沙漠科学考察而感叹万千，这一缺憾甚至成为留在他心中永远的痛！此事也成为他们那一代沙漠科学家未了的夙愿！他鼓励我们要勇于探索，敢于创新，并寄予厚望：希望我们这一代能够填补八大沙漠科学考察的最后空白，这也是历史赋予的机遇和责任。

牢记使命，肩负责任。第二天，我就和甘肃省治沙所的王继和所长商讨此事，一方面看能否把库姆塔格沙漠科考列为重点实验室的一项工作内容，另一方面则积极准备联合申报国家科技部和甘肃省科技厅的研究项目。没有经费支持，再好的想法也只能是梦想。

库姆塔格科考之花，在冬雪覆盖下静谧孕育。

机会真的常常光顾那些有备而来者。2004年，甘肃省科技厅正式批复立项开展库姆塔格沙漠前期考察工作，虽然经费不多，但这是一个好兆头和好开端（尽管2004、2005年连续2年申报国家社会公益类项目未果，此为后话）。

雷厉风行、说干就干。自2004年9月19日开始，由甘肃省治沙研究所王继和所长带队，会同中国林业科学研究院、中国科学院、兰州大学等单位的专家，先后对库姆塔格沙漠进行了多次探路式前期考察，为2006年"库姆塔格沙漠综合科学考察"国家重点项目的申报和立项提供了很有价值的基础数据和相关资料。

库姆塔格科考，吐蕾于春风轻拂中。

2006年12月，科技部正式立项，库姆塔格科考修成正果。接下来便紧锣密鼓。

2007年6月17日，项目启动会召开。这天正是第13个"世界防治荒漠化和干旱日"。

2007年9月10日，科考大军集结敦煌，整装待发，首次大规模沙漠科考宣告开始。当天下午4点多钟，我终于触摸到了库姆塔格——这个12年前只闻其声未见其影的梦中沙漠，而今我终于舒展地躺在了她的怀抱！

建立气象站，深挖土壤坑，发现大峡谷，天降堰塞湖，命名沙砾碛，畅游尾闾湖，追踪野骆驼，遭遇沙尘暴……库姆塔格科考，如盛夏之花绚烂绽放。

2007年9月23日全员返回敦煌，一个不能少。

……这一切的一切，仿佛就在昨天。

可以这样说，库姆塔格就是我成长的"沙篮"。

我庆幸，15 年前确定的这一人生航标，它不仅让我收获了科学成果，锻炼了管理大型团队的能力，尤其是使我养成了跨学科综合思考的习惯。

库姆塔格科考，似秋花孕果，盛而不乱。

一个人的时间和能力是有限的，要把这有限的生命和精力投身到无限的科学中去，那就是无尽的成长和发现。

库姆塔格科考，今天已不再是一个人、两个人、几个人，简简单单个人或科研团队的事情，它已经成为中国林业科学研究院、甚至整个林业行业、科学考察领域的大事。我有幸参与其中并作一点力所能及的事情，真的是一生无悔，这辈子值了！

库姆塔格沙漠科考二期已经立项。我相信，一期科考凝聚在研究中的科学精神、奉献精神、团队精神，必将会发扬光大，库姆塔格沙漠研究必将取得更大成就，结出更丰硕的成果。

库姆塔格，因沙山高大而得名。

沙漠科学研究，如攀登沙山，遇坚乐摧；

亦如生命，复始轮回。

愿沙山如花，在生命中绽放。

留下永恒的记忆

附录

库姆塔格沙漠综合科学考察
总体工作方案

根据科技部关于科技基础性专项 2006 年立项的通知（国科发基字〔2006〕545 号），"库姆塔格沙漠综合科学考察"项目（2006FY110800）作为科技部批准的 2006 年度国家科技基础性工作专项"科学调查与考察类"9 个重点项目之一，为期 3 年（2007～2009）、预算投资 1180 万。项目从国家生态安全、落实"十一五"中长期科学技术发展战略规划、加强基础性研究出发，首次集多部门、多学科的优势科研力量开展大规模、全方位、系统性的综合科学考察，可以预见其考察结果将填补我国沙漠科学考察史上的一项空白，同时对于查清库姆塔格沙漠地区风沙危害、动植物资源状况、揭示西北内陆干旱区气候与环境形成演变历史以及对青藏高原隆升和全球变化的响应都具有重要的科学意义。为认真落实 2007 年 6 月 17 日库姆塔格沙漠综合科学考察项目启动会的部署，做好 2007 年度库姆塔格沙漠综合科学考察的组织实施，特制定本工作方案。

一、指导思想和工作原则

（一）指导思想

坚持以科学发展观为指导，在项目领导小组直接领导和专家顾问组指导

下，严格按照本专项 2007 年度库姆塔格沙漠野外综合科学考察计划，充分发挥项目依托单位和协作单位各方的优势，发扬勇于探索、求真务实、不断创新、踏实严谨的科学精神和不畏艰难、甘于奉献、团结互助、精诚协作的团队精神，从国家发展战略与生态建设需求的高度，全面深入细致地开展综合科学考察和后勤保障工作，圆满完成既定的科考任务。

（二）工作原则

1. 以人为本，统一指挥，周密部署，安全第一；
2. 科学严谨，团结协作，足踏实地，勇于创新；
3. 不畏艰难，甘于奉献，互爱互助，团队作战。

（三）文化理念

牢记服务人民，服务社会的宗旨；弘扬迎接挑战，敢于创新的精神；树立科学发展，探知自然的理念；增强珍爱团队，不辱使命的意识。

留下我们的足迹，带走我们的信息；接受大漠的洗礼，经受沙山 的考验；探索自然的奥秘，认知科学的真谛。

（四）队员誓词

热爱自然，献身科学，团结协作，不畏艰难，保证完成库姆塔格沙漠综合科学考察任务。

二、组织领导机构、承担单位、协作单位及人员组成

（一）组织领导机构

《库姆塔格沙漠综合科学考察》项目领导小组

姓名	性别	职务/职称	所在单位	职责
张守攻	男	院长/研究员	中国林业科学研究院	组　长
蔡登谷	男	原副院长/研究员	中国林业科学研究院	副组长
孟　平	男	所长/研究员	中国林业科学研究院	副组长
肖洪浪	男	所长助理/研究员	中国科学院	副组长

（续表）

姓名	性别	职务/职称	所在单位	职责
杨锋伟	男	处长/高工	国家林业局	成员
李万江	男	处长/高工	甘肃林业厅	成员
阿力木江	男	主任/高工	新疆林业厅	成员
王继和	男	所长/研究员	甘肃治沙所	成员
卢琦	男	副处长/研究员	中国林业科学研究院	成员

《库姆塔格沙漠综合科学考察》项目专家顾问组

姓名	性别	职务/职称	所在单位	本项目职责
郑度	男	院士/研究员	中国科学院地理科学与资源研究所	组长
卢琦	男	研究员	中国林业科学研究院	副组长
李吉均	男	院士/教授	兰州大学/南京师范大学	技术顾问
李文华	男	院士/研究员	中国科学院地理科学与资源研究所	技术顾问
蒋有绪	男	院士/研究员	中国林业科学研究院森林生态环境与保护研究所	技术顾问
张新时	男	院士/研究员	中国科学院植物研究所/北京师范大学	技术顾问
关君蔚	男	院士/教授	北京林业大学	技术顾问
尹伟伦	男	院士/教授	北京林业大学	技术顾问
慈龙骏	女	研究员	中国林业科学研究院	技术顾问
夏训诚	男	研究员	中国科学院新疆生态与地理研究所	技术顾问
董光荣	男	研究员	中国科学院寒区旱区环境与工程研究所	技术顾问
杨根生	男	研究员	中国科学院寒区旱区环境与工程研究所	技术顾问
王苏民	男	研究员	中国科学院南京地理与湖泊研究所	技术顾问
陈发虎	男	教授	兰州大学	技术顾问

（续表）

姓名	性别	职务/职称	所在单位	本项目职责
伍光和	男	教授	兰州大学	技术顾问
申元村	男	研究员	中国科学院地理科学与资源研究所	技术顾问
杨有林	男	协调员	《公约》亚太区域秘书处	技术顾问
V.Squires	男	教授	澳大利亚阿德莱德大学	技术顾问
U.Safrial	男	教授	以色列希伯来大学	技术顾问
M.H.Glantz	男	教授	美国国家大气研究中心	技术顾问
N.Orlovsky	男	教授	以色列荒漠研究所	技术顾问

（二）项目承担单位

本项目由中国林业科学研究院林业研究所牵头负责组织实施；中国科学院寒区旱区环境与工程研究所、新疆生态与地理研究所、植物研究所、地理科学与资源研究所，甘肃省治沙研究所，兰州大学，南京大学，北京师范大学，北京林业大学，中国气象局兰州干旱气象研究所、乌鲁木齐沙漠气象研究所等16家产学研机构共同承担；2007年度野外综合科学考察（2007年9月10～30日）还特别邀请了新华社和中国国家地理杂志2家新闻媒体全程跟踪采访和报道。

（三）总部及后方人员

库姆塔格沙漠野外综合科学考察总部设在中国林业科学研究院。

科考总指挥：中国林业科学研究院院长、项目领导小组组长张守攻。

总部下设办公室，负责与前方保持联络，协调相关事宜。

办公室主任：黄　坚（兼）

联络人：林泽攀

联络人：王　振

（四）前方组织机构及科考队组成人员

前方设大本营和一号营地、二号营地。大本营设在一号营地。

前线执行总指挥：蔡登谷

前线执行副总指挥：卢　琦

前线指挥部：蔡登谷、卢　琦、廖空太、崔向慧

考察一队（动植物水文 16 位考察队员 +7 位司机 + 4 辅助，共 27 人）

队　长：王继和

副队长：吴　波、严　平

队　员：王学全、俄有浩、袁宏波、张锦春、林光辉、褚建民、李迪强、张于光、杨海龙、高志海、张怀清、杨文斌、赵　明；队医、记者、向导、炊事员。

考察二队（地质地貌气象 13 位考察队员 +5 位司机 + 4 辅助，共 22 人）

队　长：董治宝

副队长：鹿化煜、何　清

队　员：屈建军、张正偲、王振亭、苏志珠、尚可政、刘宏谊、孟　平、宋耀选、肖生春、岳健；队医、记者、向导、炊事员。

考察三队（后勤安全保障　共 12 人）

队　长：蔡登谷

副队长：卢　琦、廖空太

队　员：崔向慧、丁　峰、郑庆钟、唐进年、张克存以及 1 辆机动车、2 辆客货车、1 辆货车。

（其余车辆驾驶人员、医生、记者、向导、炊事员随队加入相应的科考队。）

（五）成立中共临时党支部

本次沙漠科考活动是一项十分艰苦而复杂的工作任务。为加强党的领导，充分发挥党组织的战斗堡垒作用和共产党员的先锋模范作用，增强党的凝聚力和战斗力，战胜可能遇到的各种困难和风险，确保科考任务顺利完成，经请示中共中国林业科学研究院京区党委批准，成立中共库姆塔格沙漠野外综合科学考察临时党支部，由前线总指挥蔡登谷同志兼任临时党支部书记，临时党支部委员由中共党员的 3 名队长组成。三个临时党小组组长分别设在两个科考队和后勤保障队，由中共党员的队长兼任。

临时党支部书记负责召集支部党员会或支委会。在考察期间，临时党支部和党小组至少开展两次以上组织活动，提供政治与组织保障，丰富全队野外考察生活。党支部应及时分析队员思想动态、身体状况，研究紧急情况下的应

急措施，以及需要集体确定的有关事项。

三、工作岗位职责

本次库姆塔格沙漠野外综合科学考察活动，实行总指挥领导下的队长负责制。具体职责是：

总指挥：全面负责库姆塔格沙漠野外综合科学考察活动的组织、协调、指挥，决定科考期间的重大活动和重要事项；确定科考计划和工作部署；在紧急情况下，负责向前线指挥部发出应急指令，提供有效救援。

前线总指挥：在总指挥领导下工作，负责前方科考活动的日程安排、行动指挥、组织协调、后勤供给、安全保障和通信联络。负责制定应急预案并负责处理紧急情况和突发事件。对科考期间发生的重大事项及时向总部请示汇报。

前线副总指挥：协助前线总指挥工作。

队长：服从前线指挥部统一指挥，负责制定并严格执行全队考察计划和日程安排，根据各课题组科考目标任务要求，确定考察路线及内容，落实安全防范措施；负责每天与大本营保持至少 2 次联络，报告考察进展和队员安全状况；负责启动一、二级应急预案，如遇紧急情况，必须在第一时间向大本营报告，发挥集体的智慧和力量，及时实施妥善处置或紧急救护；负责填写全队考察日记。

副队长：协助队长处理全队科考日常事务。

队员：自觉服从队长统一指挥和安排，严格遵守队员守则；珍惜集体荣誉，维护集体利益，增强团队意识、协作意识、安全意识、环保意识和责任意识；队员之间相互尊重、相互爱护、相互帮助，团结友爱，不畏艰难，勇挑重担。每个队员应自觉填写科考日志。

记者：其职责与科考队员相同。服从前线指挥部和所在队队长统一指挥，自觉融入科考团队，随队采风，不准远离科考队单独行动。

随队医生：负责全体进入沙漠人员的身体健康与医疗保健，带足常用药品、急救药品和必备医疗器械。从实际出发，负责设计队员饮食营养配餐方案，负责出发前对全体野外科考队员进行应急救护知识普及教育，负责实施前线人员疾病、负伤的紧急战地救护，及时提出急救措施，确保全体野外人员的生命安全。

采购人员：根据野外科考活动的需要，负责物资、食品、水果、蔬菜、饮水等各种必需物品的采购和有效供给，确保各类食品新鲜、多样，做到尽心尽责，保障有力。

炊事员：按照营养食谱，负责为队员配置每天的早餐、带足野外的午餐食品，精心制作美味可口的晚餐。做到严格把关，食品新鲜，合理调剂，荤素搭配，讲究卫生，优质服务。

司机：坚决服从前线指挥部和队长统一调度，严格遵守国家交通安全法规，做到日行夜保，车况良好，安全行驶，不准冒险。待命司机，在所在营地协助勤杂工作，当好帮厨。

向导：根据各队科考需要，协助队长和课题组负责人制定考察路线，传授沙漠野外科考一般防护知识，负责当好路线设计参谋和执行科考路线的向导。不准擅自改变路线或冒险行动，确保科考人员的安全。

四、科考工作日程安排

全体科考人员和后勤保障人员于 2007 年 9 月 7 ～ 8 日到达敦煌宾馆集中。9 月 9 日整理个人装备，进行适应性训练。

科考出发仪式安排在 2007 年 9 月 10 日上午 9 时在敦煌市政府广场举行(议程另发)。由总指挥宣布科考队组成人员名单、集体宣誓、授旗、下达出发令。科考队向营地进发。2007 年度野外科考时间预计持续 15 天。后勤保障先遣人员根据需要由后勤保障队负责安排适当提前到达，并做好出发前的物资采购和协调工作，后勤其余人员提前一天到达。

（一）科考路线安排

考察路线图：

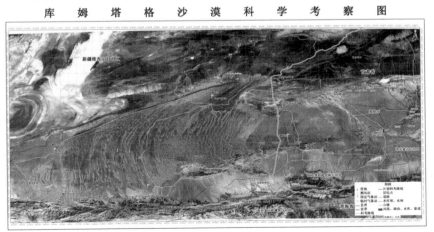

考察路线说明：

蓝线：科考一队考察路线；

黄线：科考二队考察路线；

蓝黄线：两队共同考察路线。

（二）科考日程安排

9 月 10 号：两队敦煌出发→一号营地（北营地）；

9 月 11 号：两队一号营地→小泉沟尾闾入口；

9 月 12 号：两队从小泉沟上行并于当日返回小泉沟口；

9 月 13 号：两队小泉沟尾闾→北营地；

9 月 14 日：两队共同到达沙漠南缘时，科考二队到二号营地，科考一队返回 1# 营地；

9 月 15 ～ 24 日：两组分别依托营地进行辐射考察，具体路线、内容、分工及要求由各队队长、副队长商议决定；

9 月 25 号：两队分别从各自营地撤回大本营。

9 月 26 号：休整、小结后返回敦煌市。

（三）后勤保障

按照科考计划安排要求，2007 年 9 月 5 日前，本次科考所需的物资、仪器、设备和装备必须全部到位。所有参加科考人员、随队医生、记者、向导、炊事员，租用的大小车辆及驾驶人员必须在 9 月 8 日前到达敦煌待命。

9 月 10 日科考出发前的各项工作以及出发仪式安排另行确定工作方案。

9 月 10 日科考队出发后，进入沙漠人员的所有物资、食品、饮水等均按照 61 人的标准供给。

燃料按照 11 辆沙漠吉普、2 辆客货车、1 辆运输货车、4 辆沙漠摩托的燃料以及两个营地发电机柴油的实际消耗量满足供给。

以上物资均由后勤保障队队长负责安排，及时补充，确保足额到位。

9 月 10 日至 13 日，共计 4 天。全体科考人员集中统一行动期间，所有人员在大本营（1# 营地）食宿。

9 月 14 日至 25 日拔营前，共计 11 天。科考一队、二队分营进行科学考察期间，按照预定营养食谱配餐的要求，科考一队 34 人（含前线指挥部和后勤保障队在 1# 营地人员）、二队 18 人的标准供给足额的食品、饮水、水果及其他用品。

库姆塔格沙漠综合科学考察后勤保障日程安排

9月8日

前线指挥部4人、科考队员28人、随队医生2人、记者2人、向导2人、炊事员2人、司机14人，共54人到达敦煌。机动人员6人。

9月9日

分发个人装备；检查科研仪器设备、后勤保障物资及个人装备装车。下午四点，在敦煌宾馆会议室召开所有进入沙漠科考人员战前动员大会。

9月10日

早9:00敦煌宾馆举行出发仪式；科考人员进入雅丹国家地质公园考察（中午用自带餐）；然后开进沙漠腹地大本营（一号营地）；大货车随队补给，当晚回到敦煌；后勤人员准备60人的晚餐，同时准备11日、12日两天沿途补给。

9月11日

从1#营地出发沿途考察，晚露宿红柳沟；客货车及司机留守大本营。

1#营地54人；沿途52人自带餐；红柳沟52人便餐。

9月12日

从红柳沟出发沿途考察，晚住一号营地；晚后勤人员准备便餐、准备13日沿途补给。

红柳沟52人便餐；沿途52人自带餐；一号大本营54人。

9月13日

从一号营地出发向东沿沙漠边缘沿途考察，晚住阿克塞县多坝沟乡政府；当晚后勤人员准备14日沿途补给；客货车及司机继续留守大本营。

一号营地52人；沿途52自带餐；多坝沟乡52人。

9月14日

从多坝沟乡政府出发沿途考察，晚住梭梭沟沟口；大货车及向导1人、外补2人中午以前到达梭梭沟建立二号营地，准备晚餐。多坝沟乡52人；沿途52人自带餐；梭梭沟沟口52人。

9月15日

从梭梭沟出发沿途考察，晚露宿小泉沟；大货车及外补2人留守二号营地；梭梭沟沟口52人；沿途52人自带餐；小泉沟52人便餐。

9月16日

从小泉沟出发沿途考察，晚住二号营地；考察队分组；晚后勤人员准备17日分队补给。小泉沟52人便餐；沿途47人自带餐；梭梭沟沟口52人。

9月17日

第一组留 2# 营地辐射考察，第二组横穿沙漠回一号大本营；大货车及外补 2 人回敦煌；向导、医生、炊事员分开进入各组；后勤人员准备科考二队的沿途补给；一号营地客货司机准备晚饭。梭梭沟沟口 52 人；沿途 24 人自带餐；一号营地 34 人，二号营地 20 人。

9月18～24日

两队依托各自营地分头辐射考察。

9月25日

早餐后各组分别拔营回敦煌。

一号营地 34 人，二号营地 20 人，各队沿途自带餐。

回到敦煌。

9月26日

后勤保障人员 6 人（管理 2，敦煌购物 2，司机 2），服务车辆（2 辆）继续留敦煌，其余人员回各自单位，考察结束。

五、科考队员守则及注意事项（28 条）

（1）全体科考队员必须服从科考队队长的统一指挥，不得出现任何多头指挥或借故推托现象。

（2）精诚团结、密切配合。各组在完成各自任务的情况下，必须积极帮助其他组完成工作任务。

（3）车辆遇阻时，车内乘员必须主动帮助司机垫板推车，齐心协力解除险情。

（4）科考队员有事报告队长时，须先报告组长，然后由组长报告队长，队员不得直接向队长报告。

（5）个人装备由个人负责装卸并保管；科研仪器由各组组长指挥装卸并保管。

（6）科考队员临时外出必须征得组长同意后两人以上同行，组长临时外出必须征得队长同意。脱离大部队单组工作必须携带卫星电话。

（7）个人装备装包时，轻、软物品放在下面，重、硬物品放在上面，不能挤压的物品放在最上方。背包外挂物品帐篷在顶部，防潮垫在下方。

（8）沙漠腹地昼夜温差很大，除集体配发的个人装备外，个人还应准备纯棉长袖内衣和长内裤、薄毛衣毛裤等，切忌穿牛仔裤、牛仔衣、化纤或真丝衣物等。

（9）当遭遇沙尘暴时，千万不要到沙丘的背风坡躲避，也不要急于回营，应在车内耐心等待，风力减弱时再驱车回营或继续工作。

（10）严格保护野生动物。在考察途中，尤其是夜间必须注意防止野兽袭击。一旦发现，切勿惊慌，设法驱赶，不到万不得已，不准伤害野生动物。

（11）科考队所带药品只是一些常规急救药品；科考队员应结合自己的身体状况备好常用应急药品（切忌在沙漠中使用防晒油）。

（12）科考队员在外出考察期间，一定要随身携带急救包、地图、GPS、备用电池（至少3天）、防身匕首、水壶、小圆镜、防风打火机或防风火柴等。

（13）科考队员迷向或迷路时，必须在原地停留，同时用卫星电话向队长或前线指挥部报告情况。

（14）外业工作期间，各组必须在日落前返回营地。如遇到特殊情况不能按时返回时，必须用卫星电话及时向队长报告原因，原则上获得批准后执行。

（15）各组在大队考察途中，如需临时停留，必须征得队长同意，不得擅自滞留。

（16）考察期间后勤保障和膳食实行民主管理，尽可能满足需求。考察队员对后勤保障工作有意见和建议，应由队长及时向前线指挥部反映，不得直接指责当事人。

（17）科考队员按编号乘坐车辆，个人装备及科研仪器应装在自己所乘车辆上。

（18）所有在沙漠腹地考察的人员不得用水洗脸、刷牙、洗碗，自觉节约每一滴水。

（19）所有车辆在沙漠行驶或停留均不得使用空调。当车辆自带备用汽油时，所有乘车人员不得吸烟。

（20）各组每天采集的样品、标本等应及时编号、打包，交后勤保障队人员统一保管、运输。

（21）考察期间，所有生活垃圾和废弃物应装袋放置在所乘车辆带回营地，由运输车辆运回敦煌统一集中处理。考察途中不准随地乱扔塑料袋、矿泉水瓶等垃圾。

（22）科考队员如出现头晕、恶心、感冒、发烧、咳嗽、腹泻等症状时，必须立即向随队队医报告，及时治疗。

（23）科考队员归营地后，应主动帮厨；按秩序排队领取食品，讲究文明礼貌。

（24）所有人员应按时起居，以保存体力。如需移动，应齐心协力在规定时间内完成个人装备及公用设备的打包及装车。

（25）科考队员要严格按照事先规定的通话频道使用对讲机。GPS 必须输入大本营、营地以及目的地等地理标志位置。

（26）科考队员使用的卫星电话、对讲机每天晚上要保证充足电。

（27）卫星电话、望远镜分别由 9 个业务组组长、后勤保障正副对长、科考队正副队长使用、保管和维护；对讲机由各车司机负责使用、保管和维护。

（28）库姆塔格沙漠自然条件严酷，为保证科考的顺利进行，为保证队员的安全，全体队员务必遵守本守则，严肃对待工作的每个细节。

六、应急预案

为保障全体科考人员在考察期间身体健康和生命安全，确保本次科考工作顺利进行，经总指挥批准并授权，特制订本应急预案和启动程序：

天气预警措施：每天由前线指挥部用卫星电话或对讲机向各科考队及全体队员发布 24 小时至 72 小时天气预报和天气形势预报（信息来源：由中国气象局兰州、乌鲁木齐两个区域气象中心联合向前线指挥部发布）。

一号预案（蓝色应急——一般性应急）

（1）当队员发生腹泻、头晕、呕吐、恶心、发烧等症状时；

应对措施：由随队医生负责检查病情，实施医治处理。

（2）当车辆在行驶中发生车祸，造成人员受轻伤；

应对措施：由随队医生实施救护；队医不在现场的情况下，立即就地自救，队友帮助包扎、处理伤口，送回营地或等待救助。

此预案由队长负责启动，并向前线指挥部报告情况。

二号预案（橙色应急——特殊性应急）

（1）当发生队员患急性疾病，在营地无能力实施救护医治时；

应对措施：立即派出车辆运送到敦煌医院就医，必要时由随队医生随车前往。

（2）当车辆在行驶中发生车祸，造成人员受重伤时；

应对措施：在经过随队医生紧急处理后，立即派人护送到敦煌医院救治。

（3）当遭遇大风和沙尘暴袭击时；

应对措施：注意当地天气变化，提前做好应急准备，扎牢营地帐篷和个人帐篷。一旦发现天气骤变，风力加大，立即停止野外工作，所有人员尽快进入车辆内暂时躲避，同时向前线指挥部报告情况。在营地人员及时进入帐篷躲避。

（4）当遭遇野兽（野狼等）袭击时；

应对措施：用手电或火把驱赶，并注意野兽动向。

此预案由队长根据情况适时启动，并及时向前线指挥部报告情况。

三号预案（红色应急——紧急状态）

当发生严重威胁到队员生命安全和遭遇严重灾害性天气的事件时（包括突发严重疾病、遭遇严重车祸和难以抗拒的各种自然灾害等），应立即启动。

应对措施：前线指挥部立即通过卫星电话向当地政府或驻军请求救援（包括急派相关医护人员、急需药品、医疗器械等，进入沙漠就地实施救护；派直升机实施救护等）。

此预案由前线总指挥负责启动，并在第一时间向总指挥报告情况（事前确定的联系电话和联系人由前线总指挥掌握）。

附件：库姆塔格沙漠综合科学考察队全体人员名单

岗位	姓名	单位	职务／职称
地貌组	董治宝	中国科学院寒区旱区环境与工程研究所	研究员
	屈建军	中国科学院寒区旱区环境与工程研究所	研究员
	张正	中国科学院寒区旱区环境与工程研究所	研习员
地质组	王振亭	兰州大学	讲师
	鹿化煜	南京大学	副院长／教授
	苏志珠	中国林业科学研究院林业所	副研究员
土壤组	宋耀选	中国科学院寒区旱区环境与工程研究所	副研究员
	肖生春	中国科学院寒区旱区环境与工程研究所	助理研究员
	岳 健	中国科学院新疆生态与地理研究所	助理研究员
气候组	尚可政	兰州大学大气科学学院	副主任／副教授
	何 清	乌鲁木齐沙漠气象研究所	副所长／研究员
	刘宏谊	兰州干旱气象研究所	助理研究员
	孟 平	中国林业科学研究院林业所	所长／研究员

（续表）

岗位	姓名	单位	职务／职称
水文组	严 平	北京师范大学	副教授
	王学全	中国林业科学研究院林业所	副研究员
	俄有浩	甘肃省治沙所	研究员
植被组	王继和	甘肃省治沙所	所长／研究员
	袁宏波	甘肃省治沙所	助理研究员
	林光辉	中国科学院植物研究所	研究员
	张锦春	甘肃省治沙所	副研究员
	褚建民	中国林业科学研究院林业所	助理研究员
动物组	李迪强	中国林业科学研究院森环森保所	研究员
	张于光	中国林业科学研究院森环森保所	助理研究员
	杨海龙	中国林业科学研究院森环森保所	研习员
测绘组	吴 波	中国林业科学研究院林业所	研究员
	高志海	中国林业科学研究院资信所	研究员
	张怀清	中国林业科学研究院资信所	副研究员
	杨文斌	中国林业科学研究院林业所	研究员
综合组	赵 明	甘肃省治沙所	副所长／研究员
	卢 琦	中国林业科学研究院	副处长／研究员
	蔡登谷	中国林业科学研究院	副院长／研究员
指挥部	廖空太	甘肃省治沙所	副所长／研究员
	崔向慧	中国林业科学研究院森环森保所	助理研究员
记者	王志恒	新华社甘肃分社	记者
	杨浪涛	中国国家地理杂志	编辑部主任
向导	刘学仁	敦煌市七里镇南台村	村主任
	马木利	阿克塞县林业局	原局长／工程师
队医	陈 刚	武威市人民医院	副院长／主任医师
	曹生有	凉州区中医院	内科主任／副主任医师
内辅	张克存	中国科学院寒区旱区环境与工程研究所	副研究员
	唐进年	甘肃省治沙所	科长／副研究员
外辅	丁 峰	甘肃省治沙所	主任／副研究员
	郑庆钟	甘肃省治沙所	科长／副研究员

（续表）

岗位	姓名	单位	职务／职称
炊事员	张兴全	武威凉州区羊下坝三沟村	炊事员
	程建军	武威凉州区迎宾路	炊事员
司机	张国中	甘肃省治沙所	越野车司机
	魏育军	阿拉善右旗额镇	越野车司机／修理工
	叶荣	阿拉善右旗额镇三居委会	越野车司机／修理工
	武志元	阿拉善右旗巴音博日勒嘎查	越野车司机
	张金元	阿拉善右旗额镇二居委会	越野车司机
	聂振高	阿拉善右旗沙漠珠峰旅行社	越野车司机
	铁柱	阿拉善右旗沙漠珠峰旅行社	越野车司机
	达布希图	阿拉善右旗沙漠珠峰旅行社	越野车司机
	高培海	阿拉善右旗沙漠珠峰旅行社	越野车司机
	毛勒木甲木素	阿拉善右旗沙漠珠峰旅行社	越野车司机
	那日苏	阿拉善右旗沙漠珠峰旅行社	越野车司机
	付炜	兰州天翔越野汽车俱乐部	越野车司机
	张文涛	州天翔越野汽车俱乐部	越野车司机
	段海林	敦煌市汽车修理厂楼 151 号	客货车司机
	铁东平	敦煌市南湖乡南贡村	客货车司机
	高正华	甘肃省武威市古浪县	大货车司机

图书在版编目（CIP）数据

沙山有约：首次库姆塔格沙漠综合科学考察队员手
记 / 蔡登谷，卢琦，褚建民主编 . -- 北京：中国林业出
版社，2013.10（2019.7 重印）
ISBN 978-7-5038-7204-4

Ⅰ . ①沙… Ⅱ . ①蔡… ②卢… ③褚… Ⅲ . ①沙漠 –
科学考察 – 西北地区 Ⅳ . ① P942.407.3

中国版本图书馆 CIP 数据核字 (2013) 第 219494 号

沙山有约
首次库姆塔格沙漠综合科学考察队员手记

出　　版：中国林业出版社
　　　　　（100009　北京西城区德内大街刘海胡同7号）
网　　址：http://lycb.forestry.gov.cn
电　　话：(010) 83143542
发　　行：中国林业出版社
印　　刷：固安县京平诚乾印刷有限公司
版　　次：2014年5月第1版
印　　次：2019年7月第2次
开　　本：787mm×1092mm　1/16
印　　张：16.25
字　　数：290千字
定　　价：68.00元